KB232654

부산을 맛보다

부산 오면
꼭 먹어봐야 할
부산·경남
맛집 산책

부산을 맛보다

• 박종호 지음 •

산지니

• 서문 •

밥을 먹는다는 일에는 한 끼의 끼니를 때우는 이상의 의미가 들어 있습니다. 싫은 사람하고는 밥 한 끼도 같이하기가 싫습니다. 좋아하는 사람이 생기면 같이 밥을 먹는 작업부터 들어갑니다. 그러다 잘되면 밥을 같이 해먹는 사이가 되지요. 가족이 되는 겁니다.

갑자기 궁금해졌습니다. '가족(家族)'과 '식구(食口)'는 어떻게 다를까요? 가족은 혈연이나 혼인 관계로 이루어진 사람들입니다. 비록 같은 집에서 살고 있지 않더라도 자신과 법적인 관계로 매인 사람들, 그들이 가족입니다. 식구(食口)는 가족과 비슷해 보이지만 다릅니다.

식구는 한 집에서 함께 살면서 끼니를 같이하는 사람입니다. 혈연이나 법적인 관계 따위는 전혀 상관이 없습니다. 이전의 어르신들은 집에서 키우는 소도 식구라고 했습니다.

한 조직에 속해 함께 일하는 사람을 비유적으로 이르는 말도 식구입니다. 어떻게 보면 가족보다 더 많은 시간을 같이하는 사람들이 식구입니다. 가족은 유한하지만 식구는 무한하다는 생각도 해봅니다.

요즘 들어 맛집을 찾아다니는 일이 유행처럼 되었습니다. 기왕에 먹는다면 한 끼를 때우기보다 맛있는 음식을 찾아서 먹는 게 훨씬 낫다고 생각합니다. 그동안 많은 음식점을 찾아다녔습니다. 어떤 집이 맛있는 줄 아십니까?

사람마다 입맛이 다 다르지만 공통점이 있습니다. '식구' 들이 먹는 음식이라고 생각하고 좋은 재료를 사용해 만드는 집들이 맛이 있습니다. 직원을 식구처럼 생각하는 집이 분위기가 화기애애해서 마음에 듭니다. 그래서 언제 돈을 버느냐고요? 돈 벌 생각 안 하는 집들이 맛이 있고, 결과적으로 돈이 따라옵니다.

이런 집들을 찾아 저와 함께 맛 기행을 떠나보시겠습니까?

2011년 5월

박종호

• 차례 •

부산에 오면 꼭 먹어야 한다

계절별 맛을 찾아

부산의 지역별 맛집

경남의 지역별 맛집

카페를 찾아서

부산 맛집 파워 블로거들이 뽑은 부산 대표 맛집

천 원의 행복

"식사하셨습니까?" 외국인들이 우리나라에 처음 와서 가장 당황하는 게 이 인사말이라고 합니다. "저 사람이 나한테 밥 먹었는지를 왜 물어보는 거지?" 그런데 이 낯선 인사말이 한국 문화에 적응하기만 하면 가장 정겹게 느껴진답니다.

요즘 밥 한 끼 먹기가 참 만만치 않습니다. 정겨운 이 인사말이 요즘처럼 팍팍하게 느껴신 적도 없습니다. 때마침 믿기지 않는 이야기가 들렸습니다. 한 끼에 천 원씩 하는 식당이 있다는 겁니다. 웬만한 김밥도 한 줄에 1천200원으로 올랐는데, 한 끼 식사를 천 원에 해결할 수 있다니요.

부산의 광안리해수욕장 입구(협진태양아파트 뒤쪽)에서 아침마다 노천식당이 열린다고 해서 새벽같이 가보았습니다. 과연 그곳에서는 양복 입은 신사부터 젊은이, 노인 가릴 것 없이 여러 사람들이 목욕탕에서나 쓸 것 같은 간이 의자에 앉아 거리의 아침 식사를 하고 있었습니다. "이 사람들 다 집도 없나, 뭐하는 사람들이지?" 그렇게 궁금해하며 시락국밥을 시켰습니다.

사람 좋아 보이는 주인아주머니는 모자라면 더 먹으라며 시락국밥과 깍두기를 여기저기가 긁힌 개다리소반 위에 얹어 내어주었습니다. 시락국밥의 맛은 훌륭했습니다. 아침 일찍 관광버스를 타고 떠나는 사람들이 단체로 많이 찾는다는 이야기가 빈말이 아니었습니다.

그런데 깍두기가 흔히 보던 크기의 20분의 1이나 될까 말까 한 초미니여서 신기했습니다. "깍두기를 절약하려고 그렇게 작게 만든 거죠?" 잘못 짚었습니다. 하긴 돈 벌려고 장사하는 집에서 두 그릇이든 세 그릇이든 달라는 대로 주고 딸랑 천 원만 받겠습니까?

바지에 밥풀이 붙었는지도 모르고 열심히 밥을 담던 주인아주머니는 "이가 불편한 노인들이 먹기 좋으라고 그런 거예요"라고 대답했습니다. 대한민국에서 가장 크기가 작은 깍두기는 그렇게 탄생했습니다. 옆에서 밥을 먹던 손님이 "이 가게도 아침밥을 제대로 챙겨 먹지 못하는 노인들이 많자 봉사한다고 시작한 거래요"라며 거들었습니다.

이름도 없는 이 노천식당을 9년째 하고 있는 분은 김도숙 여사입니다. 김 여사는 "우리 집 손님 중에는 부자도 많아요. 하지만 돈이 많고 자식들 교육 많이 시켜놓으면 뭐해요? 혼자 살며 아침도 못 먹는 사람들이 얼마나 많은데…"라고 말했습니다. 돈이 없어도 밥을 못 먹지만, 돈이 있어도 밥을 못 먹는 사람들도 있습니다.

할아버지 몇 분이 이야기를 나누고 있습니다. 야구모자를 쓴 할아버지는 매일같이 오는 단골입니다. 아침인데 이제야 셔터 문을 내리는 사람도 있습니다. 밤새 허기져 속이 쓰린 배를 움켜쥐고 시장기를 달래러 오는군요. 손님 중에는 급하게 나오느라 아침을 먹지 못한 택시 운전사분도 있습니다. 메뉴는 처음에 시락국밥 하나로 시작했는데 갈수록 늘어 국수, 팥죽, 율무죽이 있습니다. 모두 천 원입니다. '특미'라고 해서 시락국에 말아주는 국수도 있습니다. 가히 노천뷔페라고 부를 만하죠.

이 집 이야기를 듣고 시락국밥 만드는 법을 배우고 싶어서 일부러 왔다는 아주머니는 "저렇게 팔아서 남는 게 있으려나, 봉사하는 마음이 절반은 되는 것 같네요"라고 말했습니다. 하루에 100그릇을 팔아도 10만 원입니다. 알고 보니 김 여사는 서면에서 불고깃집을 했었다고 합니다. 김 여사는 "사람들에게 배불리 먹일 때가 가장 행복하다"고 이야기합니다.

아침밥을 못 드셨거나, 김 여사를 만나고 싶은 분은 오전 5시부터

9시까지 광안리해수욕장 입구로 나가보십시오.

추석, 설 명절 일 년에 딱 4일만 빼고 비가 오나 눈이 오나 '천 원의 행복' 을 만날 수 있습니다. 음식이 다 맛이 있고 저렴한데, 커피가 300원으로 다소 폭리(?)를 취하고 있습니다. 정겨운 동네 사랑방입니다.

※시락국은 시래깃국의 경상도 지방 사투리다. 시래깃국은 시래기를 넣어 끓인 토장국을 말한다. 가을철에 시래기를 말려 장만해두었다가 겨울에 끓여 먹는다.

부산에 오면
꼭 먹어야 한다

부산에 오면 꼭 먹어야 한다

돼지국밥

유래 및 성정

부산에는 돼지국밥집이 많다. 어떤 서울 사람은 부산에 처음 와서 "부산 사람들은 돼지국밥만 먹고 사나, 웬 돼지국밥집이 이렇게 많으냐"며 놀랐다고 한다. 돼지국밥은 서울에서는 찾아보기가 힘들다. 반면 부산, 마산, 밀양, 대구 등 경상도에서는 아주 흔하다. 특히 부산에는 왜 이렇게 돼지국밥집이 많은 걸까.

돼지냄새가 날지도 모른다는 편견을 버리고 돼지국밥 한 그릇을 먹어보자. 돼지국밥을 사랑하게 된 한 일본인 여성은 "돼지국밥 한 그릇을 일본의 돈코츠라멘 100그릇과 바꾸자고 해도 안 바꾸겠다"라고 말했다.

춥고 배도 고플 때 돼지국밥이 생각난다. 뜨끈한 국물은 전날 고생한 속을 달래준다. 소주도 한 잔 곁들이면 더 좋다. 돼지국밥을 먹을 때는 소주를 시켜 반주하는 경우가 많다. 설렁탕이나 곰탕을 먹을 때는 그렇지 않는데 말이다.

설렁탕은 신농(神農)에게 제사를 지낸 후 군(君), 신, 민이 고루 나누어 먹은 데서 유래했다. 국에 밥을 말아 먹는 것을 즐기는 민족은 세계에서 우리가 유일하다. 여기에는 적은 양의 고기를 많은 식구가 나눠 먹는다는 의미가 들어 있다.

설렁탕이나 곰탕에는 고기라고 해봤자 대여섯 점이 고작이다. 돼지국밥은 '국 반 고기 반'이다. 밥을 먹고 딸려나온 고기로 술을 한잔하기에 돼지국밥만 한 게 없다. 가격은 4천~5천 원대로 아주 '착하다'.

전 신라대 식품영양학과 김상애 교수는 “돼지국밥은 한국전쟁 때 부산으로 피란 온 이북사람들이 돼지로 설렁탕을 만든 데서 비롯되어 경상도의 고유음식이 되었다” 고 주장한다. 돼지국밥, 이렇게 출신은 보잘 것 없어도 정신은 그렇지 않다.

부산의 최영철 시인은 “돼지국밥은 돼지고기 외에도 부추, 마늘 등 성질이 강한 것들이 한 그릇에 뒤섞여 상승효과를 일으키는 묘한 음식이다. 뜨거운 김을 훌훌 불어가며 돼지국밥을 먹고 나면 처진 마음이 일으켜 세워진다. 돼지국밥은 파닥거리는 야성이 살아 있는 음식이다” 고 말했다.

만화 『식객』의 허영만 화백도 돼지국밥 마니아이다. 식객 제15권 「돼지고기 열전」에 돼지국밥 이야기가 나온다. 허 화백은 “일부러 KTX를 타고 부산에 가서 먹고 올까 할 정도로 돼지국밥 생각이 난다. 돼지국밥은 한 그릇의 음식이 아니라 그 이상의 무엇이다” 라고 말했다.

돼지국밥의 스타일

돼지국밥에도 스타일이 있다. 설렁탕을 연상시키는 뽀얀 색깔의 국물을 ‘밀양 돼지국밥식’ 이라고 할 수 있다. 가장 대중적인 스타일이다.

이와 대조적으로 드물지만 곰탕식의 맑은 국물을 선보이는 돼지국밥집들도 있다. 60년 가까운 전통의 옛 보림극장 옆 골목의 할매국밥(051-646-6295)과 신창국밥 등이 이 계열이다.

이 가운데 신창국밥은 창업자인 서혜자 씨의 직계들이 하는 토성동 본점, 남천동점, 해운대점을 비롯해 서씨 조카가 하는 서면의 ‘서

진철 신창국밥' 등으로 성업 중이어서 '신창국밥식'으로 분류해야 할 것 같다.

서혜자 씨는 1969년 중구 신창동의 구호물자를 파는 케네디 시장에서 테이블 2개로 국밥집을 열어 3개월 만에 테이블이 6개로 늘었다. 간판도 없었지만 손님이 워낙 많아 서서 먹고 가기 일쑤였다. 배고픈 사람에게는 국밥도 김치도 듬뿍 퍼서 주었다. 몇 년이 지나 세무서에서 "이제는 세금을 내야 한다"며 "상호를 뭐로 하겠냐"고 물었다. 서씨가 "신창동이니 신창국밥이라고 하자"고 해서 신창국밥이 되었다.

신창국밥 육수의 정체에 대해 궁금해하는 사람들이 많다. 한약재를 쓰냐는 질문도 많이 한다. 뼈와 고기를 곤 물에 직접 만든 순대를 넣어 어우러지게 하면 맑은 색이 나온다. 고기는 돼지 앞다리 부위를 쓴다. 부산시장부터 국회의장까지 이름난 단골도 많다. 미국으로 이민 가서 돼지국밥이 먹고 싶다고 연락이 오는 단골도 있다. 40년 전이나 지금이나, 처음부터 마지막 한 숟가락까지 맛이 똑같다고 자랑이다. 돼지고기를 다룰수록 깔끔해야 한다는 신조를 오늘도 명심한다.

신창국밥 토성동 본점

국밥 5천500원, 따로밥 6천500원, 수육 소(小) 1만 3천 원. 영업시간 오전 10시~오후 10시. 일요일에 쉰다. 부산 서구 토성동 1가 4의 1. 토성동 복개천 중간 신호대 앞. 051-244-1112.

돈코츠라멘, 고기국수와 쌍둥이?

돼지국밥을 제주도의 고기국수, 일본 후쿠오카의 돈코츠(豚骨 · 돼지육수)라멘과 비교하면 먹는 재미가 더하다. 돼지국밥을 좋아하는 분은 돈코츠라멘이나 고기국수도 좋아하는 경향이 있다.

어떤 제주도 사람은 고기국수가 일본에 건너가 돈코츠라멘이 되었다고 주장한다. 이 세 지역 고유의 음식에 어떤 연관성이라도 있는 것일까?

고기국수는 돼지 뼈로 우린 육수에 국수를 말아 돼지고기 편육을 얹어낸 제주도 음식이다. 돈코츠라멘과 비슷하지만 더 담백하다. 제주도 사람들은 "고기국수보다 돈코츠라멘이 더 느끼하다"고 말한다. 돼지국밥 국물은 돈코츠라멘과 고기국수의 중간쯤이라고 보면 되겠다.

부산, 제주도, 후쿠오카는 모두 바닷가를 끼고 있는 해안 지역이다. 소고기보다 돼지고기 소비량이 많은 지역이라는 공통점도 있다. 이 세 가지 음식은 돼지 사골로 만든 육수를 사용한다는 근본이 같다. 사골 육수에 면을 넣고 돼지고기를 올려준다는 점에서 고기국수와 돈코츠라멘은 일란성 쌍둥이를 보는 것 같다. 돼지국밥은 한 배에서 나온 이란성 쌍둥이라고 할까. 세 음식은 지역성이 강하다. 부산에도 돈코츠라멘집, 서울에도 고기국수집이 생겨났다. 하지만 다녀온 사람들은 이구동성으로 원래 맛이 나지 않는다고 불평한다. 똑같은 재료를 써서 똑같이 만들어도 그렇단다.

세 음식은 두 가지 스타일로 구분이 된다는 면에서도 신기하게 일치한다. 돼지국밥은 뽀얀 설렁탕 같은 '밀양식'과 맑은 곰탕 같은

고기국수(위)와 돈코츠라멘(아래)

'신창국밥식' 으로 구분이 된다. 고기국수와 돈코츠라멘도 마찬가지로 구분이 된다. 주당들이 마지막 코스로 한잔하는 곳이자, 해장을 위해 즐겨 찾는다는 공통점도 있다. 세 음식이 신기하리만큼 닮아 있지 않은가.

국밥과 국수라는 점이 다르다고 할 수도 있다. 하지만 국밥은 원래 국에 만 밥이나 국수, 또는 미리 밥을 말아 끓인 음식을 말한다. 다른 말로 '국말이' 라고도 한다.

한국학대학원 민속학 전공 주영하 교수는 "음식은 민족의 경계를 넘나든다. 동아시아 사람들의 먹고 사는 일은 정치 · 경제학적인 요인에 의해서 작용을 받을 수밖에 없다" 고 말한다.

이름난 돼지국밥집과 돼지국밥 골목

돼지국밥의 메카 부산에는 서면, 사상터미널 앞, 평화시장 등에 돼지국밥 골목이 형성되어 있다. 이 가운데 부산시가 지정한 향토음식점은 신창국밥, 덕천고가(051-337-3939), 경주박가국밥(051-759-8202) 세 곳이다.

부산의 돼지국밥집이라면 항상 줄서서 기다리는 것으로 유명한 남구 대연동의 '쌍둥이돼지국밥(051-628-7020)' 을 빼놓을 수 없다. 범일동의 '마산식당(051-631-6906)' 도 허영만 화백의 만화 『식객』에 나오며 유명세를 탔다.

이 밖에도 3대의 전통을 자랑하는 백산기념관 부근 '하동집(051-245-3056)' , 유자청소스가 깔끔한 동래시장의 '재민국밥(051-553-

돼지국밥 골목과 쌍둥이돼지국밥

0034)', 양정 지하철역 부근 '늘해랑(051-863-6997)'이 이름이 났다. 국밥 대신 사골 돼지 육수로 만든 국수를 맛보려면 '평산옥(051-468-6255)'으로 가면 된다.

순댓국밥과의 차이

순댓국밥은 돼지국밥과 비슷하면서 다르다. 혹자는 돼지국밥의 유래를 순댓국밥에서 찾기도 한다. 돼지국밥이 강세인 부산에서는 제대로 된 순댓국밥을 먹기가 쉽지 않다. 간혹 순댓국밥이 메뉴에 있지만 대개 돼지국밥에 순대가 '퐁당'한 수준이다.

동래구 명장동에 부산에서는 드물게 괜찮은 순댓국밥 전문점이 있다. 돼지국밥의 고장 부산에서 돼지국밥과 순댓국밥 맛을 비교해 보자.

혜화여중 입구에서 '조광심민속왕순대'를 운영하는 조광심 씨는 전북 정읍에서 순대 만드는 기술을 배웠다. 하지만 이곳의 순대는 전라도 방식과는 같지 않다.

전라도에는 피순대(옛날식 순대)밖에 없다. 조 여사는 카레, 야채, 해물순대 등 다양한 메뉴를 직접 개발했다. 조 여사의 작품은 모둠순대를 시키면 모두 맛볼 수 있다.

이 집의 다른 메뉴인 술국도 좋다. 순댓국밥보다 큼직한 뚝배기에 내장, 순대, 돼지고기가 들어 있다. 조 여사는 "술국에는 향긋하라고 깻잎, 시원하라고 콩나물, 얼큰하라고 청량고추, 구수하라고 들깨가 들어간다"고 말한다. 리드미컬한 말에 군침이 넘어간다. 모둠순대가 나가면 서비스로 술국이 나가고 국물도 다시 채워준다.

조 여사는 학생들에게는 순댓국밥 한 그릇에 2천 원만 받는다. "한참 먹을 때인데 학생들 용돈이 얼마나 있겠냐"는 생각에서이다. 이 외진 순댓국밥집은 학생들 입을 통해서 소문이 났다. 학생들이 집에다 이야기를 해서 부모님들도 많이 찾는다. "이렇게 많이 도와주는 바람에 가격을 올리지 못하겠다." 그래서 이들 부부는 적게 먹고 적게 쓰자고 결심했다.

조광심민속왕순대

순댓국밥 3천500원, 술국 5천 원. 모둠순대 중(中)자 1만 3천 원. 부산 동래구 명장동. 혜화여중 입구. 영업시간 오전 6시~오후 10시. 051-527-3927.

부산에 오면 꼭 먹어야 한다

생선회

활어회&선어회

우리나라는 어딜 가나 살아 있는 물고기를 회로 뜨는 활어회 일색이다. 부산에서도 활어회의 단단하고 졸깃한 맛을 더 선호한다. 활어를 죽여 냉장고에 보관했다가 먹는 선어회(鮮魚膾)를 취급하는 곳은 횟집이 많은 부산에서도 손에 꼽힌다.

생선회는 활어회가 최고일까? 일본에서는 95% 이상이 선어회로 유통된다. 일본 사람들은 생선의 맛이 퍼지는 시기가 있다는 데 대체로 동의한다.

우리나라는 왜 선어회가 인기가 없는 걸까. '생선회 박사' 부경대 조영제 교수는 "씹히는 맛을 즐기는 우리 국민들은 다소 육질의 단단함이 떨어지는 퍼석퍼석한 선어회를 좋아하지 않는다"고 말한다. 혹자는 예전에 상인들이 하도 잘 속이는 바람에 눈앞에서 살아 있는 생선을 바로 잡아야 믿고 먹을 수 있다고 말하기도 한다.

부산에 즐비한 횟집 가운데 대표 선수를 꼽으라면 어디가 될까. 미식가와 맛집 블로거에게 물었더니 명물횟집, 선어마을, 중앙식당, 용광횟집, 거제횟집, 녹산횟집 등을 공통적으로 거론한다. 공교롭게도 선어횟집이 대부분이다. 활어회와 선어회의 맛을 비교해보면 재미있겠다.

명물횟집

부산에서 가장 이름난 횟집이라면 이구동성으로 '명물횟집' 이다. "좀 비싸서 그렇지" 란 단서가 붙어서 탈이다. 시장통에서 장사를 하던 어떤 이는 단지 이 집에서 밥을 먹기 위해서 열심히 일을 했단다. 맛있는 한 끼의 식사가 때로는 살아가는 이유가 된다.

우리나라 수산 1번지 자갈치시장의 명물횟집을 찾았다. 창업주인 김복덕 할머니는 별세했고, 지금은 며느리인 전광자 씨가 운영하고 있다. 명물횟집은 해방 직후에 시작했으니 60년이 넘는 노포(老鋪)인 셈이다.

창업주 김 할머니는 일본에서 오래 살다 해방 뒤에 부산에 왔다. 일본은 활어회를 즐기는 우리 식문화와는 달리 숙성회가 대세. 명물횟집이 숙성회를 고집하는 것도 그런 연유 때문으로 보인다. 전씨는 명물횟집의 회가 "비싸지 않다" 고 말했다. 좋은 고기를 사용하기에 상대적으로 비싸지 않다는 뜻이었다.

이곳은 값싼 생선은 거들떠보지도 않고 광어나 도미 같은 고급 어종만 쓴다. 그것도 맛이 좋은 덩치가 큰 고기만 사용한다. 애초부터 몸값이 달랐다.

회보다도 이 집의 대표 음식인 회백밥을 먹어보기로 했다. 반찬은 소박해 보여도 하나하나가 범상치 않았다. 갈치와 멸치젓갈을 섞어 담가 콤콤한 깍두기가 입맛을 당긴다. 젓갈은 전부 직접 담근다. 껍질 숙회는 그냥 먹기 아까워 소주라도 한잔 곁들여줘야 할 것 같다. 맑은 생선국에서는 깊고 진한 바다의 맛이 배여 나왔다. 인공 조미료가 결코 따라올 수 없는 맛이다. 생선 뼈가 커야 국물이 시원해진다.

좋은 고기의 회라는 말에 고개가 끄덕여진다. 졸깃하다. 참 졸깃해서 줄어드는 회가 아쉽기만 하다. 회를 초장에 찍으면 강한 초장 맛에 회 맛이 대개 반감되기가 십상이다. 이 집은 좀 다르다. 회를 초장에 찍어야 더 맛이 난다. 이름만 대면 알만한 유명한 일식 요리사도, 또 요리 연구가도 이 집 초장 맛을 배워가고 싶어 안달이 났었다.

명물횟집
회백밥 1인분 2만 7천 원, 광어·도미회 1쟁반 각각 7만 원. 영업시간 오전 9시~오후 9시 30분. 부산 중구 남포동 4가 38, 자갈치시장 내. 051-245-7617.

회 맛의 비결은 역시 숙성시간이다. 고기별, 계절별로 숙성시간이 다르다는 이야기만 해준다. 명물횟집에는 근무한 지 30년이 넘는 직원이 세 사람이나 있다. 서빙도 보통 10년 이상이고 '알바생' 도 안 쓴다. 회백밥 일 인분이 모자란 듯 적당하다. 일 인분씩 공평하게 먹으니 싸우지 않고, 눈치 보지 않아서 좋다.

선어마을

부산에서 회 좀 먹는다는 사람들이 자주 가는 횟집이 있다. 자갈치시장과 가까운 서구청 옆의 골목에 위치한 '선어마을' 이다. 테이블

수가 8개에 불과하다. 집이 좁아서 오지 말라는 걸 억지로 밀고 들어갔다.

선어마을은 특히나 돗돔회로 이름이 났다. '전설의 고기' 라는 돗돔은 큰 놈의 경우 길이가 한 장(丈, 사람 키 정도의 길이) 남짓 된다. 돗돔이 바다에서 우는 소리는 멀리 서울에까지 들린다고 했다(전설에는 다소의 과장이 양념으로 들어가기 마련이다).

하도 이 집 돗돔회가 유명하자 여기서 돗돔 양식하느냐는 소리까지 나왔다. 돗돔은 수많은 횟집을 제치고 하필이면 조그만 이곳으로 오는 것일까. 강화순 대표는 "돗돔 경매는 대형마트하고 붙어도 우리가 이긴다. 좋은 고기가 나오면 돈을 떠나 무조건 산다" 고 말한다. 그만큼 단골손님이 많다는 이야기이기도 하다.

선어 모둠회 한 접시를 시켰다. 이날은 병어, 돗돔, 빨간고기 등 이렇게 세 종류의 회가 대기하고 있었다. 회가 특이하게도 접시가 아닌 도마 위에 얹어서 나왔다. 회에 남아 있는 수분의 상태를 보라는 뜻이다. 회는 두툼하다 못해 뭉툭하다. 활어와 달리 선어는 두께가 있어야 한다.

병어 등살을 묵은지 김치에 싸서 먹자 오도독거리며 씹히는 맛이 끝내준다. 돗돔은 이름값을 하고도 남았다. 졸깃하기가 참치 뱃살 같기도, 육고기 같기도 하다. 한 점 먹기가 아까울 지경이다.

돗돔껍질 숙회를 미나리와 함께 초장에 찍었다. 이것 참 별미다.

사골 곰국 맛이
나는 돗돔국

향긋한 돼지껍질 요리 씹는 느낌이 난다. 돗돔국은 한 그릇 먹고 나면 속이 편안해진다. 진한 사골 곰국 맛이 난다. 뼈를 보니 생선이 아니라 쇠뼈처럼 굵다.

선어회 맛의 비결은 수분을 빼고 숙성시키는 데 있다. 큰 고기는 수건이 축축할 정도로 수분이 많이 나온다. 고기에 물이 차면 싱겁고 맛이 없다. 활어도 다만 30분이라도 숙성해서 먹으면 균도 없어지고, 독성도 빠진단다. 숙성시킬 때 부위마다 다르게 취급하는 것도 비결이다. 온도가 높아도, 낮아도 안 된다.

선어는 이렇게 까다롭지만 돈이 안 돼 제대로 하는 집이 드물다. 강 대표는 "장사하며 즐거운데 이게 얼마나 좋은 것이냐"고 말한다. 강 대표의 입담에 소주병도 늘어나고, 글도 길어진다. 횟감이 남으면 저녁에 전을 구워서 나온다. 활어는 살아서 신선하지만 선어는 숙성해서 깊은 맛이 난다.

선어마을
선어 모둠회 소 3만 5천 원, 중 5만 원. 영업시간 오후 5시~10시. 일요일 휴무. 부산 서구 충무동 1가 5의 3. 서구청 옆 모텔 골목 20m. 051-255-9668.

용광횟집

부산 중구에 위치한 용광횟집. 허름한 외관에 수조조차 없다. "수조도 없는 뭐 이런 집에 데리고 왔냐"는 불평이 저절로 나온다.

일단 회 맛을 보고 이야기하자. 양념장이 특색이 있다. 잘게 썬 미나리에 깨를 뿌리고 여기다 초장을 부어서 만든다. 초장은 생강과 마늘을 고아 만들었다. 회는 명물횟집보다 좀 두껍다. 씹는 맛, 감칠맛이 나무랄 데가 없다. 숙성시킨 방어 뱃살은 참치 못지않다.

다음은 도미와 광어다. 꼬들꼬들한 느낌에 술이 술술 들어간다. 말이 없고 젓가락질만 분주하다. 이런 집이 어떻게 소문이 안 났을까(결국 2010년 부산 지역 맛집 블로거들이 뽑은 최고의 횟집에 선정됐다).

손광석 대표로부터 맛의 비결을 들었다. "생선을 바로 잡아 회를 치면 비린내가 난다. 포를 뜬 뒤 나무종이와 수건에 싸서 냉장고에 5~6시간 놔두면 비린내가 제거되고 맛도 있어진다."

손 대표가 30년 전에 전국에서 최초로 시작했다는 오징어통찜에는 오리지널리티가 흐른다. 장어껍질로 만든 어묵은 약간 삭아서 마치 치즈 같다. 멍게젓갈이 좋고 호래기는 싱싱하다. 매일 새벽 5시에 장을 본 결과이다. 살짝 말려서 구웠다는 장어구이도 맛이 예술이다. 보다 고차원의 숙성된 맛이 세상에는 존재한다.

손 대표의 부인이 몸이 불편해 문을 닫았다 새로 연 지 1년가량 됐다. 둘째 딸 미영 씨가 열심히 가게 일을 돕는다. "나는 늘 술 먹고, 제 엄마는 눈이 어둡고, 누가 하겠나." 손 대표의 스타일이다.

※손님 접대라면 명물횟집, 편하게 술 한잔하겠다면 선어마을이나 용광횟집을 추천한다.

용광횟집

회 한 접시 대 5만 원, 소 3만 원. 생태탕, 물메기 6천 원. 영업시간 낮 12시~오후 10시. 일요일 및 공휴일에 쉰다. 부산 중구 보수동 3가 62. 보수동 5거리 보수청과시장 뒤편. 051-255-6859.

부산에 오면 꼭 먹어야 한다

밀면

밀면의 유래

부산 사람들은 여름만 되면 생각나는 음식이 있다. 시뻘건 밀면이다. 밀면은 차게 식힌 육수를 부어 먹는 차가운 국수. 밀면은 신맛, 단맛, 매운맛의 3가지 맛이 조화되어 시원하고 깔끔하다.

냉면과 밀면을 비교해달라는 사람들이 있다. 냉면과 밀면은 차가운 면요리라는 공통점 외에는 전혀 다른 음식으로 보아야 한다. 냉면이 세련되었다면 밀면은 소박하다. 가격도 밀면은 냉면의 절반 정도에 불과하다.

밀면은 한국전쟁 피란 시절 부산에서 만들어졌다. 이북 출신의 실향민이 냉면이 먹고 싶어 당시 구호물자인 밀가루에 감자가루를 섞어 냉면 면발 비슷하게 질기고 쫄깃하게 만들어 먹으며 시작됐다.

처음에는 '밀 냉면' '경상도 냉면' 이라고 불리다 성질 급한 부산 사람들이 줄여서 말하며 '밀면' 으로 정착했단다. 면발이 질기지 않아 빨리 먹을 수 있고, 음식 나오는 속도가 빨라 부산 음식이 되는 데 한몫했다.

예전부터 경상도에는 바지락육수를 이용해 만든 냉면인 밀국수냉면이 있었다. 밀면은 밀국수 또는 밀국수냉면에서 파생되어 한국전쟁과 관련을 맺으며 발전했다고 보면 될 것 같다. 밀면은 간편하고 위에 부담이 되지 않는 별미 음식이다. 가정에서 해먹는 일이 없는 업소 중심의 음식. 본 고장에서는 각광받고 있으나, 타 지역으로는 거의 확산되지 않아서 의아한 음식이 밀면이다. 처음 맛본 외국 사람들은 밀면 먹는 게 재미있단다.

원조 내호냉면

내호냉면은 부산 밀면의 발상지로 알려진 원조집이다. 남구 우암동은 6 · 25전쟁 당시 피란민들이 자리 잡은 거대한 피란민촌이었다. 흥남에서 '동춘면옥' 이라는 냉면집을 하던 친정어머니와 함께 부산으로 피란 온 정한금(1979년 작고) 씨가 1952년 내호냉면을 열었다.

이 집은 딸에 이어 지금은 외손자인 유상모 대표가 이어가고 있다. 유 대표는 "메밀이나 고구마 전분을 구하기 어려워 당시 흔했던 미군부대 구호품인 밀가루와 감자가루를 섞어 쫄깃한 면을 만들었다. 여기에 사골을 고아서 냉면 육수를 넣고 국수를 팔았다" 고 말했다.

밀가루와 전분을 3 대 1로 혼합해 만든 밀면 면발은 냉면보다 부드럽다. 가느다란 면발에 회색빛이 살포시 감돈다. 찾아가기가 다소

불편하지만 원조를 맛본다는 의의가 있다.

내호냉면
물 밀면 5천 원, 비빔 5천 500원(소 기준). 영업시간 오전 10시~오후 9시. 부산 남구 우암2동 189. 우암동 부산은행 옆길로 들어가 50m 지점 왼편. 051-646-6195.

중시조 가야밀면

지금의 부산 밀면은 처음과는 다소 달라졌다. 1969년 부산 동의대 인근에서 문을 연 '가야밀면'이 부산 밀면의 중시조로 지금의 밀면 형태를 잡은 주인공이다. 가야밀면에 이르러서 밀면은 100% 밀가루 면으로 바뀐다.

이 가야밀면이 70년대 말부터 부산 사람들의 입맛을 사로잡으면서 밀면의 대중화를 이끌었다. 가야밀면은 지점을 한 곳도 내지 않았지만 부산에서는 '가야'라는 상호를 붙인 밀면집을 흔하게 볼 수 있다. 선불로 교환칩을 구매하는 점 등이 불편하다.

가야밀면
물 · 비빔 밀면 4천500원. 영업시간 오전 10시 30분~오후 8시 30분. 부산 부산진구 가야2동 191의 5. 동의대 앞 골목. 051-891-2483.

부산 사람들이 꼽는 개금밀면

근래에 밀면 애호가들은 1966년에 창업한 '개금밀면(해육식당)'을 알아준다. 부산 밀면계에서 이른바 '개금식'으로 통한다. 허영만 화백의 만화 『식객』, 미국 공영방송인 PBS의 〈김치 연대기〉 등에도 출연했다. 육수에 닭과 한약재를 넣어 깔끔한 맛이 난다.

개금밀면의 김맹수 대표는 "밀면은 그때그때 빨리 만들어 짧은 시간 내에 손님에게 내줘야 한다. 밀면 맛은 자주 변해 이야기하면서 천천히 먹다 보면 처음과 끝의 맛이 다르다. 똑같이 밀면을 만들어도 더운 여름철이 가장 맛이 있다. 밀면의 맛을 정형화하는 과제가 남아 있다"라고 말했다.

밀면은 밀가루 면이라 금방 퍼져서 끈기가 없어진다. 이걸 막기 위해 압착면으로 만들어, 2~3분 내에 손님상에 내려고 노력하고 있다. 최대한 쫄깃하게 만들려고 노력을 했으니 가위로 잘라먹지 말고 그냥 먹어야 제맛이 난다.

개금밀면
물 · 비빔 각 5천 원(소), 6천 원(대). 영업시간 오전 9시 30분~오후 9시. 부산진구 개금동 171의 34. 지하철 개금역 1번 출구로 나와 서면 방향으로 200m. 개금골목시장 15m쯤 들어서 왼쪽 첫 골목 안.

부산의 특징 있는 밀면집

국제밀면

얼큰하게 톡 쏘는 맛이 괜찮다. 색깔이 맑은 온 육수부터 내준다. 이 따뜻한 육수와 찬 밀면이 묘하게 조화롭다. 호주산 소뼈로 육수를 우려낸다. 쇠고기가 고명으로 올라오는 게 특징.

사철밀면

거무스름한 색깔의 한방약재 육수를 사용한다. 성기훈 대표는 "돼지 뼈에 시원하라고 닭 뼈를 넣고, 맛의 깊이를 더하기 위해 한약재를 넣어 이틀 정도 육수를 끓인다"고 말한다. 이 육수가 대여섯 가지 재료를 넣은 양념과 어우러져 맛의 조화를 부린다. 이 육수의 맛이 깊어 양념을 걷어내고 육수의 맛만 만끽하는 이들도 많다. 프로야구 롯데 자이언츠 선수들이 자주 온다.

국제밀면
물 · 비빔 4천500원. 영업시간 오전 10시~오후 9시 30분. 부산 연제구 거제1동 242의 23. 국제신문사에서 지하철 동래역 방향 왼쪽 첫 골목 50m 안. 051-501-5507.

사철밀면
물 4천 원, 비빔 4천500원. 영업시간 오전 10시~오후 9시. 부산 동래구 사직3동. 옛 송월타올에서 사직운동장 방향으로 좌회전, 첫 신호대에서 우회전하면 첫 블록 끝 모퉁이. 051-504-1609.

황산밀냉면

밀면 소 3천500원, 중 4천원, 대 4천500원. 영업시간 오전 11시~오후 8시 30분. 부산 중구 영주1동. 부산터널 가는 사거리의 영주동 쪽 모퉁이에 있는 영주시장 안. 051-469-6918.

춘하추동

물 · 비빔 각 4천 원(소), 4천500원(대). 영업시간 오전 10시 30분~오후 10시. 부산 부산진구 부전1동. 지하철 서면역 9번 출구, 영광도서 지나 복개로 따라 150m 직진 오른쪽. 051-809-8659.

황산밀냉면

이북 황해도의 실향민이 빚어내는 서민의 입맛. 황해도 사람이 부산에서 한다고 황산이라고 이름 지었다. 밀가루와 고구마 전분의 비율이 7 대 3. 면이 까슬하면서 쫄깃해서 맛이 난다. 이귀순 할머니는 "밀면의 양념은 양파, 고춧가루 등 12가지가 들어간다" 고 했다.

춘하추동

푸짐한 고명이 강하고 걸쭉하다는 식후감을 남긴다. 거무스름한 육수에서 한방약재 계통의 깊은 맛이 난다. 고명으로 얹은 돼지고기에서도 비슷한 향이 난다. 국내산 한우 소뼈를 곤 것이 육수의 베이스. 사계절 내내 맛있는 밀면을 만들겠다는 고집이 상호에 들어 있다.

부산에 오면 꼭 먹어야 한다

구포국수

구포국수의 유래

구포는 우리나라에서 지명 자체가 유명 브랜드가 된 최초의 사례이다. 구포 일대는 낙동강 하류의 바닷바람이 불어와 국수를 자연 건조시키기에 좋다. 또 구포장을 끼고 있어 원료 구입이 쉬워 자연스럽게 국수공장이 한두 곳씩 늘어났다.

구포국수는 한국전쟁 기간에 푸짐한 양과 저렴한 가격, 쫄깃한 면발로 피란민들의 배고픔을 달래준 고마운 음식이었다. 전성기인 1960~70년대에는 구포에 국수공장이 30여 곳에 달했다. 구포국수는 이렇게 지난 1980년대까지 부산의 대표 음식으로 자리매김했다.

1980년대에 한 공장에서 구포국수로 상표등록을 하자 주변 공장에서 소송을 걸었다. 재판부는 구포국수는 구포의 명물이므로 한 공장에서 단독으로 사용할 수 없다는 판결을 내렸다. 이후 부산에서 나오는 국수는 거의 구포국수로 통용되었다.

하지만 구포국수는 1990년대 이후부터 지금까지는 명맥만 겨우 유지하고 있는 상태이다. 현재 부산 북구 구포 일대의 구포국수 공장은 단 하나에 불과하다. 하지만 구포국수라는 이름으로 국수를 만드는 공장은 경남 김해 등 부산 외곽에서 더 찾아볼 수 있다.

구포촌국수

구포국수의 유래를 알기 전까지는 구포국수가 왜 금정구에 있을까 궁금했다. '저희 구포촌국수는 국수 한 가지만 고집합니다. 국수 한 가지 맛만 고집합니다. 국수 한 가지 정성만 고집합니다.' 가게에 붙여놓은 표어가 촌스러워서 맘에 든다.

메뉴는 오로지 물 국수밖에 없다. 보통, 곱빼기, 왕 가운데 양만 정하면 된다. '왕' 이 모자라는 사람에게는 '대왕' 이란 크기로 주문도 받는다. 대왕은 곱빼기 3배의 양이다. 최고 기록은 한 번에 대왕 4개,

즉 곱빼기 12그릇을 먹은 손님이 있었다.

구포국수에는 양념장, 부추, 단무지, 깨, 김가루가 고명으로 오른다. 주전자에 따로 나온 멸치 육수를 부어 먹으면 된다. 멸치 육수만 맛을 따로 보았다. 담백하면서 진하다. 멸치와 무를 넣고 24시간 고아 냈다. 멸치는 짜지 않고 맛있다는 오사리멸치(9월 1일~10월 31일 생산)만 쓴다. 잘게 썬 청량고추만 올려 넣으면 완성.

한 그릇이 눈 깜짝할 사이에 없어졌다. 한 그릇만 먹고 가면 집에 도착하기 전에 후회를 할 것 같다. 땀이 비 오듯이 흐르지만 맛있다, 참 맛있다는 소리가 자꾸 나온다. 강은교 시인은 다녀가며 '늘 출렁이소서' 라고 썼다. 배에서 출렁출렁 소리가 난다. 알고 보니 김향이 대표의 친할머니가 김해에서 '대동할매국수(180~181쪽 참조)' 를 하는 그 할매와 비슷한 시기에 인근에서 30년 동안 구포국수를 삶았단다.

구포촌국수는 김해 주촌의 한 구포국수 공장에서 특별 주문한 면만 사용한다. 육수도 그냥 멸치를 넣는 게 아니다. 집에서 버섯, 다시마, 양파, 대파 등을 말리고 빻아서 만든 가루를 섞는다.

구포촌국수

보통 3천500원, 곱빼기 4천 원, 왕 4천500원. 영업시간 오전 10시~오후 7시 30분. 부산 금정구 남산동 989의 13. 금정로, 남명유치원 맞은편. 051-515-1751.

부산에 오면 꼭 먹어야 한다

완당

18번완당

"완당이 뭐예요?" 완당을 젊은이들은 모른다. 또 부산 사람이 아니면 잘 모른다. 부산의 단 세 곳 말고는 완당을 하는 집이 없어서 그렇다.

완당을 한 번 먹어보고는 그 야들야들하고 부드러운 맛에 그만 반해버렸다. 완당은 만둣국의 일종인 중국음식 훈뚠탕(餛飩湯)에서 그 기원을 찾는다. 훈뚠탕이 일본으로 건너가 특유의 세련된 문화에 녹아들며 완탕(雲呑)이 되었다. 국물 위에 떠 있는 모양이 구름을 닮았다고 해서 '운당'이라는 낭만적인 이름으로도 불렀다.

'18번완당'의 창업자인 고 이은줄 옹은 14세 때 일본에 건너가 완당을 만드는 기술을 배웠다. 이 옹은 1947년 부산 중구 보수동에 우리나라 최초의 완당집을 차리며 한국의 완당이 시작되었다. 일본에서 배웠지만 오랜 시간이 흐르며 지금은 서로 차이가 생겼다. 일본식 완탕은 주로 닭고기를 사용해 진한 맛을 내는데 부산의 완당은 멸치와 다시다를 가미해 시원한 국물 맛을 낸다. 완당피도 일본식보다 훨씬 얇고, 속을 꽉 채운 중국식과도 다르다. 아주 적게 속을 채워 마치 밀가루피만 보이는 듯한 완당은 맛이 훨씬 깔끔하고 목넘김이 부드럽다. 일본인 관광객들이 몰려와 "일본에서도 이렇게 맛있는 완탕을 먹어보지 못했다"고 감탄을 하고 돌아간다.

이 옹의 큰아들인 이용웅 씨는 60년이 넘는 부산 서구 부용동 '원조18번완당'의 맥을 이어가고 있다. 가장 잘하는 노래를 18번이라고 한다. 잘하는 완당, 가장 맛있게 만들자는 뜻에서 18번완당이라고 이름을 지었다.

피의 두께가 굉장히 얇다 했더니 3㎜에 불과하다. 밀가루 음식 특유의 텁텁한 맛을 없애려면 피를 이렇게 얇게 해야 한다. 돼지와 닭 뼈, 멸치와 다시다, 이렇게 육지와 바다가 만나 담백한 육수가 되었다. 고기 냄새를 없애는 향신료도 몇 가지가 들어갔다. 맛의 비결은 육수를 급하게 끓이지 않는 데 있다. 약한 불로 천천히 데우는 게 비법이다. 남들에게 가르쳐줘도 다들 급한 마음에 끓이느라 이걸 지키지 못한다.

18번완당
완당 · 발국수 각 5천 원, 돌냄비우동 6천500원. 영업시간 오전 9시~오후 10시. 부산 서구 부용동 1가 69. 부민동 동아대 캠퍼스 건너편. 051-256-3391.

완당의 국물이 깊고 시원하다.

남천동 18번완당

2009년 부산에는 완당집이 한 곳 늘어났다. 부용동에서 오랫동안

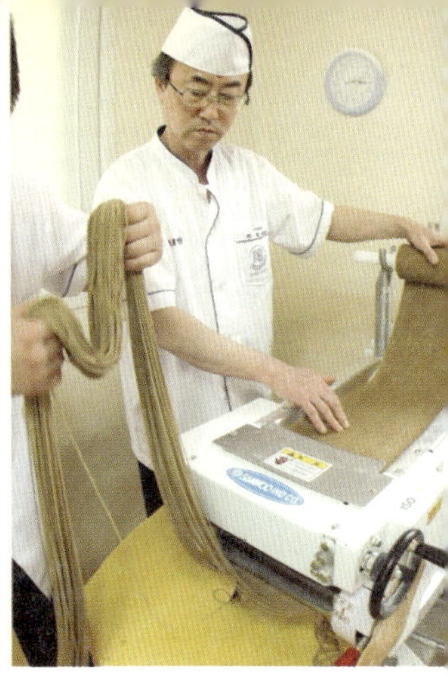

주방을 책임졌던 이 옹의 막내아들 명룡 씨가 남천동 수영세무서 앞에서 18번완당집을 연 것이다.

완당 국물이 맑다. 완당은 가득 들어 있어도 그릇 바닥에 새겨진 글씨가 보여야 한다. 완당은 얇은 비단이 풀어진 것처럼 하늘거린다. 입안에 들어가는 순간 사르르 녹아 없어진다. 분명 고기 육수인데 왠지 향긋한 향이 난다. 속이 편해온다. 이래서 해장에 좋다.

기분 좋게 그릇을 비우고 요리사 이명룡 씨와 이야기를 나눴다. 이 씨는 "매일같이 아버지 손맛을 내게 해달라고 기도를 하며 아침에 나온다"고 말한다.

절대 술을 취급하지 말고 음식만 깨끗하게 즐기도록 하라는 이 옹의 철학을 지켜 맥주도 안 판다. 이씨는 아버지의 엄한 모습을 기억하고 있었다. 어머니가 아이들 도시락 싼다고 지단용 계란을 태우자 그런 정신 상태로는 장사를 못 한다며 육수를 부어버리고 그날 가게 문을 닫았던 적도 있었단다.

남천동 18번완당
발국수 5천 원, 완당 5천 원. 영업시간 오전 11시~오후 9시. 첫째, 셋째 월요일에는 쉰다. 부산 수영구 남천동 10의 6. 남천동 수영세무서 앞. 051-611-1880.

부산에 오면 꼭 먹어야 한다

곰장어

곰장어의 유래

곰장어는 전국 어느 포장마차에서나 볼 수 있는 '전국구'가 아니냐고? 모르시는 말씀이다. 부산에는 곰장어 골목이 있다. 제대로 된 곰장어 맛을 보려면 부산에 와야 한다. 천막을 톡톡 때리는 빗소리에 맞춰 곰장어가 추는 경쾌한 춤을 보시라. 삶에 대한 의욕이 불끈 솟아오른다.

예부터 몸이 뱀처럼 긴 물고기를 장어(長魚)라고 불렀다. 장어에는 뱀장어, 붕장어, 갯장어, 칠성장어, 먹장어(곰장어) 등이 있다. 어떤 사람들은 먹장어는 몸이 길어 장어에 끼워주기는 하지만 엄밀히 말해 장어가 아니란다. 심지어 먹장어는 어류도 아니란다. 일반적으로 어류는 턱뼈가 있어야 하는데 먹장어에는 턱뼈가 없어서 하는 이야기다.

먹장어는 척추동물 가운데 가장 하등한 무리다. 먹장어라는 이름도 눈이 퇴화해 피부에 흔적만 남아 '눈이 먼 장어'라고 해서 붙었다.

먹장어는 식성도 참 특이하다. 이들은 죽은 고기나 바다동물의 사체에 둥근 입을 붙이고 유기물을 빤다. '바다의 청소부' 라는 별명도 여기서 나왔다. 눈이 없으니 주로 밤에 활동할 수밖에 없다. 정어리 따위를 통발 안에 넣어두면 먹장어는 어김없이 걸려든다. 꼼수에 잘 걸려드는 장어라 해서 곰장어라고 불렀다는 이야기도 있다.

예전에는 잘 먹지 않고 잡아서 핸드백, 구두, 지갑 등 고급 피혁 제품의 가죽으로 사용했다. 그러던 어느 날. 우연히 구워먹었더니 그렇게 맛이 있었단다. 불판 위에서 꼼지락거리는 걸 보고 곰장어라고 부르게 되었다는 말도 있다. 수컷 한 마리에 암컷 100마리의 성비라니 초절정 정력이다. 자갈치시장 곳곳에서는 사시사철 곰장어 굽는 냄새가 지나가는 사람들을 유혹한다. 국내산과 수입산 곰장어 대부분 물량이 부산에서 유통된다.

곰장어는 과거에 서민들의 음식이었으나 지금은 경제 수준에 상관없이 건강식, 또는 스테미나식으로 각광을 받고 있다. 곰장어는 전부 자연산이다. 또 깨끗한 해수에 사는 위생적으로 안전한 어종이다. 곰장어는 배고픈 시절의 음식에서 웰빙 음식으로 변모했다. 하지만 여전히 서러움의 맛, 그리움의 맛을 가지고 있다. 씹다 보면 이 맛이 툭툭 튀어나온다.

기장곰장어

부산 기장에는 4대 120년의 전통을 자랑하는 '기장곰장어' 가 있다. 음식점이야 1986년에 열었지만 할아버지, 아버지 때부터 곰장어를 잡아온 전통 있는 가문이다.

김영근 대표의 사진을 홈페이지(www.pusanfish.co.kr)에서 처음 보고는 젊었을 때 사진을 올려놓았다고 생각했다. 만나보니 그게 아니다. 곰장어를 장복한 결과란다.

일반적인 소금구이, 양념구이 외에도 짚불구이, 생솔잎구이 등 다양하게 맛볼 수 있어서 좋다. 짚불 곰장어는 논에 있는 짚에다 불을 피워 곰장어를 익혀 먹으면서 시작돼 지금까지 내려오는 전통 음식이다.

양념구이를 먼저 시켰다. 야채는 큼직하게 썰어져 있다. 불 위에서 시뻘건 곰장어가 꿈틀거린다. 꼬리를 힘차게 흔들어 마치 춤추는 것 같다. 마침내 꼬리가 무너진다. 싱싱한 곰장어 구이는 달게 느껴진다. 수제비도 졸깃해서 맛이 있다. 기장곰장어가 국내외의 방송에 나온 횟수만 120회가 넘는다니 말 다했다.

시뻘건 곰장어는 강한 중독성이 있는 모양이다. 결혼식을 마치자마자 달려와 "곰장어를 안 사주면 신혼여행을 안 가겠다"고 우긴 신부도 있었다. 나중에 먹은 소금구이에서는 신혼의 깨소금 같은 고소

곰장어 양념구이

곰장어된장국

곰장어매운탕

한 맛이 난다.

기장곰장어의 독특한 매력은 곰장어 된장국과 매운탕에 있다. 곰장어와 된장이 이렇게 어울릴 줄은 생각도 못 했다. 된장국의 맛은 어떻게 낸 걸까. 방아와 후추 외에는 모든 게 곰장어 자체에서 나는 맛이란다.

부산 사람이 오면 방아를 넣고, 서울 사람이라면 방아를 슬쩍 빼준다. 일흔이 넘는 나이에도 노모께 드린다며 매일같이 된장국을 사러오는 손님이 있다. 특히 어르신들이 곰장어 된장국을 좋아한다.

곰장어 매운탕의 얼큰한 맛을 어떻게 설명해야 할까. 향긋한 냄새와 고소한 맛에 허겁지겁 숟가락질을 하게 된다. 다른 데서 찾아보기 어려운 맛이다. 1kg로 7~8명이 먹을 수 있는 '착한 음식' 이다. 매운탕은 특히 술 먹은 다음날 해장하는 데 좋다.

기장곰장어
국내산 1kg(2~3인분) 4만 2천 원. 영업시간 오전 9시~오후 9시. 부산 기장군 기장읍 시랑리 572의 4. 송정다리에서 용궁사 가는 길. 051-721-2934.

성일집

곰장어를 좋아하는 사람이라면 옛 부산시청 뒤의 곰장어집들을 잊지 못한다. 1950년 이래로 곰장어 60년 전통의 성일집. 아버지가 아들에게 소개를 해주며 발길이 이어지는 집이다. 일본, 중국, 러시아 사람들까지 찾아온다니 이 집 곰장어는 가히 국제적인 음식이 되었다.

성일집에서는 항상 시원한 재첩국이 곰장어와 함께 나온다. 곰장어와 재첩국의 '마리아주(음식의 궁합)' 에 한 번 맛 들였다면 무조건 단골이 되는 마력이 있다. 최영순 씨가 시어머니에게 처음 장사를 물려받았을 때는 곰장어가 1인분에 100원 했었다. 지금은 그때 비해 100배나 비싸졌다.

곰장어 고기에는 군데군데 간(肝) 부위도 들어가 씹는 맛이 다르다. 곰장어는 고기가 클수록 고소하다. 껍질을 벗겨 만들었다는 어묵도 반찬으로 나왔다. 고소한 게 입안에서 녹아내려 술안주로 그만이다. 어르신들이 특히 좋아한다.

곰장어 고기에는 오돌오돌한 내장이 꽃을 활짝 피웠다. 수입한 곰장어는 내장 부위가 안 붙어서 이런 꽃 모양을 볼 수 없다. 잘게 칼집이 들어가야 고소하면서도 단맛이 나온다. 꽃처럼 생긴 내장이 없으면 아무리 잘해도 소용없다.

곰장어에는 성장에 필요한 영양소가 많아 아이들이 먹으면 특히 좋다. 한번은 일본의 신문기자가 와서 이 집 곰장어를 엄청나게 먹고는 "일본의 곰장어는 딱딱한데 한국 것은 굵으면서도 어찌 이렇게 부드럽냐"고 장탄식을 했단다.

어떤 서울 사람이 부산에 내려와 곰장어를 먹고 서울로 돌아갔다. 자려고 누웠는데 눈에 곰장어가 아른거렸다. 다음날 혼자서 KTX를 다시 타고 내려와 곰장어를 먹고 갔다는 이야기도 전해진다. 양념구이를 먹고 나서 밥을 볶아 먹으면 기가 막히다. 주방 식구들끼리 볶아먹다 손님들에게도 인기를 끌며 볶음밥이 정식 메뉴에 올랐다.

성일집

곰장어 1인분에 1만 원. 영업시간 오전 10시 30분~자정. 부산 중구 중앙동 6가 79의 4. 롯데백화점 광복점 옆. 051-463-5888.

부산에 오면 꼭 먹어야 한다

양곱창

백화양곱창

부산에 오면 싱싱한 해산물을 먹어야지 왜 양곱창을 먹어야 할까. 해산물로 유명한 자갈치시장에서 양곱창을 한번 먹어보면 안다. 일단 양곱창의 신선도에 한 번 놀란다. 계산할 때 가격이 너무 싸다고 다시 한 번 놀란다. 포장해서 KTX에 싣고 가는 부산의 양곱창이다.

자갈치시장 백화양곱창의 간판에는 '50년 전통을 자랑한다' 고 적혀 있다. 곱창 장사로 돈을 벌어 벤츠를 몰고 다니는 분들이 하는 집도 있다. 시설 면에서는 더 나을지 몰라도 곱창의 신선도에 있어서는 이곳과 비교가 안 된다.

백화곱창센터에는 각 코너마다 나름대로 개성이 있는 10여 개의 코너가 있다. 곱창의 신선도와 맛은 거의 비슷한 수준이다. 마음에 드는, 궁합이 맞는 '아지매' 가 하는 집에 골라 앉으면 된다.

단골을 따라 이곳 7번 코너 심석분 씨의 가게를 찾아갔다. 그런데 백화양곱창에는 몇 번 코너라는 표시가 없어 '이모님' 의 얼굴을 기억해두었다가 오는 수밖에 없다.

백화양곱창의 가장 큰 특징은 역시 연탄 직화 방식이다. 자리에 앉자 연탄 특유의 냄새가 난다. 어렸을 때 익숙했지만 이제는 거의 사라진 냄새이다. 오랜만에 보는 연탄불이 참 예쁘다는 생각이 들었다. 빨갛고 파란 불이 곱게 피어난다. 곱창은 이렇게 연탄불 위에다 올려놓고 눈앞에서 바로 구워먹어야 맛이 난다. 소금구이도 맛있고 야채도 맛있다.

심씨는 "고기 맛이 그날그날 다르다"고 이야기해주었다. 젊은 소를 잡으면 고기가 연하고, 늙은 소를 잡으면 고기가 질기다. 오늘 이 집에서 먹은 고기가 맛있다고 내일도 맛있으라는 법이 없다. 연기는 미남한테만 간다. 미남이 아니라 유리한 점도 있다. 수년째 이 집 단골인 유명 블로거 '걸신'은 "곱창은 기름져 속을 보호한다. 곱창은 소주 안주로는 최고이다"라고 말한다.

소금구이에는 소금, 마늘, 후추만 들어간다. 양념구이는 양념구이대로 그 맛이 있다. 나이가 들면 달달한 양념구이를 좋아한단다.

심씨는 "장사하는 입장에서 고기에 자신이 있으면 소금구이를 권한다"고 말한다. 지리(맑은 국)와 매운탕과의 관계하고도 비슷하다. 남은 양념구이에다 우동 사리를 넣고 끓인 곱창면이 맛의 절정이다. 얼큰하기가 토마토를 넣고 끓인 해물스파게티 저리 가라다.

백화양곱창

양곱창 한 접시에 2만 5천 원. 영업시간 낮 12시 30분~오후 11시. 1, 3주 일요일에 쉰다. 부산 중구 남포동 6가 6의 33. 자갈치역 농협 하나로마트 뒤편. 051-246-6077.

부산에 오면 꼭 먹어야 한다

부산 오뎅

부산 오뎅의 유래

오뎅, 하면 '부산 오뎅'을 떠올릴 만큼 부산은 오뎅으로 유명하다. 오뎅의 원조라는 일본 오뎅보다도 부산 오뎅이 더 맛이 있다. 대한민국에 일본 오뎅이 자리를 잡지 못하는 이유는 모두 부산 오뎅 덕분이다. 오뎅 업계에서는 "국내 최대의 연근해수산물 위판장인 부산공동어시장에서 나오는 풍부하고 신선한 수산물이 원료인데다 광복 후 일본이 남긴 기술 · 인력 및 공장이 부산 오뎅의 뿌리가 되어 지금까지 그 전통을 이어오고 있기 때문이다"고 설명한다.

전국적으로 유통되는 오뎅 생산량의 35%가 부산에서 생산되고, 가격 면에서도 부산 오뎅이 일반 오뎅보다 10~20% 비싼 편이다. 이렇게 부산 오뎅 인기가 치솟으면서 너도나도 부산 오뎅 행세를 하고 나서서 문제가 되었다. 이에 위기감을 느낀 부산 업체들은 지난 1998년 고유상표를 특허청에 등록하기에 이르렀다. 부산 오뎅은 생선살 70% 이상이라는 품질기준을 엄격히 지켜 다른 곳에서 생산된 어묵에 비해 잘 풀어지지 않고 탱탱한 형태가 잘 유지된다.

오뎅은 생선의 살을 뼈째 으깨어 소금, 칡가루, 조미료 등을 넣고

나무 판에 올려 쪄서 익힌 일본 음식을 말한다. 오뎅과 오뎅탕도 차이가 있다. 일본어 '오뎅(おでん)' 은 탕 자체를 부르는 말이지만 우리나라에서 '오뎅' 은 탕에 쓰이는 낱개의 오뎅을 부르는 말로 탕 전체는 '오뎅탕' 으로 부른다.

명성횟집

오뎅탕 하면 먼저 떠오르는 이름이 '명성횟집' 이다. 명성횟집은 지난 1968년에 문을 열었으니 40년이 넘은 맛집이다. 명성의 정선옥 대표는 "우리 집 아저씨가 살아계실 때는 고급 일식집으로 부산에서 이름을 날렸다. 당시에는 동구에 식당이 많지 않아 '장(長)' 자 붙은 사람치고 안 다녀간 사람이 없다"고 그 명성을 전했다. 지금은 일식집이라기보다는 오뎅탕, 아귀 · 대구탕의 맛이 좋은 편한 식당으로 변했다.

명성의 오뎅탕은 식사 때는 오뎅백반, 술 한잔할 때는 오뎅탕 안주로 친근하게 다가온다. 주방을 살짝 들여다보니 오뎅, 곤약, 스지가 칸칸이 들어 있다. 정씨는 싱싱한 낙지를 오뎅 국물에다 퐁당 빠뜨린다. 낙지의 살신성인으로 맛이 더 진해진 오뎅탕 한 그릇이 식탁에 올랐다.

노란색의 오뎅과 하얀색의 곤약, 초록색의 은행과 다시마가 어울려 색깔이 참 곱다. 부산에서 가장 맛있는 오뎅탕을 만드는 비결을 물었다. 오뎅 국물은 소뼈를 넣고 고은 뒤 해물을 많이 넣어야 시원한 맛이 난다.

명성횟집
오뎅백반 7천 원, 회와 오뎅탕이 함께 나오는 세트메뉴(2~3인용) 4만 원. 영업시간 낮 12시~오후 10시. 첫째, 셋째 일요일에는 쉰다. 부산 동구 수정2동 2의 207. 수정동 부산은행에서 비스듬하게 맞은편. 051-468-8089.

정 대표는 "오뎅탕에는 15가지의 재료가 들어간다. 우리 집만큼 재료를 풍부하게 사용하는 곳은 없을 것"이라고 말했다. 오뎅탕은 참 신경이 많이 쓰이는 음식이다. 정 대표는 이런 일화도 소개한다. "한 번은 바쁜 일이 있어서 며칠 신경을 쓰지 못했더니 손님이 나를 붙잡고 애원을 하더라. 손님은 얼마든지 데려다 줄 테니 국물 맛을 그전처럼 해달라고…" 그때부터 무슨 일이 있어도 오뎅 국물은 그가 직접 만든다.

미소오뎅

일본 드라마로 제작되어 국내에서도 인기를 끈 『심야식당』이란 만화가 있다. 그 심야식당을 꼭 닮은 작은 오뎅 가게가 남구 대연동의 '미소오뎅' 이다. 맛도 맛이지만 뭐랄까 정이 있는 곳이다.

미소오뎅에 테이블은 딱 하나밖에 없다. 나머지 사람들은 오뎅바에 다닥다닥 붙어 앉아야 하니 처음 만난 사람들도 쉽게 어울릴 수밖에 없다. 버섯오뎅, 오징어오뎅, 해삼오뎅…. 생전 들어보지 못한 오뎅들이 줄줄이 있다. 옆자리 손님들과 이야기도 섞이고 잔도 섞이고 만다.

국물을 내는 데 이용하는 스지를 따로 파는 집은 흔치 않다. 양재원 대표는 "스지는 구하기도 힘들고 수지를 맞추는 데도 별 도움이 되지 않는다"고 말한다. 소 힘줄 같은 스지가 부드럽게 씹혔다. 스지를 장복하고 나서 비올 때마다 아프던 무릎이 나았다는 전설도 있다. 양 대표는 "손님들끼리 쉽게 어울리다 보니 친구가 되는 건 물론이고, 골든벨을 울려 그날의 모든 계산을 다하는 손님도 가끔 있다"고 말했다.

오뎅집에 등장하는 스지의 정체는 무엇일까. 스지는 소 힘줄(쇠심)이다. '소 힘줄처럼 질기다' 고 할 때의 소 힘줄이다. 만화 『심야식당』을 보면 나이 들어서도 젊음을 유지하는 키누코 씨가 늘 하는 이야기가 있다. "여자의 인생에서 가장 소중한 세 가지가 아기, 남자, 그리고 콜라겐이다."

미소오뎅

스지 1천200원, 오뎅 600원, 비빔국수 3천500원. 영업시간 오후 4시~자정. 일요일에는 쉰다. 부산 남구 대연동 1748의 2. 지하철 2호선 대연역 5번 출구로 나와 부산문화회관 방향. 쌍둥이돼지국밥 맞은편. 051-902-2710.

부산에 오면 꼭 먹어야 한다

진주냉면

밀면과는 다르다. 서울에는 없고, 부산 · 경남에서만 맛볼 수 있는 냉면이 있다. 바로 '진주냉면' 이다. 냉면 하면 '평양' 이나 '함흥' 인데, 진주냉면이 맛이 있을까? 북한에서 출간된 『조선의 민속전통』이란 책에는 "랭면 가운데 제일로 여기는 것이 평양랭면과 진주랭면이었다" 는 내용이 나온다.

실화를 바탕으로 이병주가 쓴 소설 『지리산』에는 일본인 교사 구사마가 "진주를 떠나면 영영 이 맛있는 냉면을 못 먹게 될 텐데" 라며 아쉬워하는 대목이 나온다.

진주냉면은 밀가루와 메밀, 지리산 인근의 풍요로운 식재료들이 결합해 탄생했다. 진주냉면은 조선시대 권번가에서 야식으로 즐겨먹던 고급 음식이었다. 고관대작은 물론 일본 관료들까지 진주냉면에 사로잡히고 말았다.

이렇게 전승된 진주냉면은 1930년대부터 진주 중앙시장을 거점으로 평화식당, 수영식당, 부산식당, 은하냉면 등 냉면 전문점이 생기며 대중화의 길을 걷게 된다. 하지만 1966년 진주 중앙시장에 큰 불이 나며 진주냉면의 맥이 끊어질 위기에 처했다. 이 가운데 유일하게 재개업한 곳이 부산식당(또는 부산냉면)이라는 이름으로 불리던 현재의 진주냉면 본점(진주시 봉곡동 · 055-741-0525)이다.

고명으로 육전을 얹는
진주물냉면(위),
비빔냉면(가운데),
물비빔냉면(아래)

왜 이름이 부산식당일까. 부산은 서울보다 가까우면서 큰 도시였다. 부산을 동경해서 이름을 붙였단다. 창업주 황덕이 할머니는 이곳에서 여전히 진주냉면을 만들고 있다.

진주냉면 맛을 보려면 진주나 부산에 와야 한다. 황씨의 직계 가족만이 하는 진주냉면이 진주에 5곳, 사천 1곳, 부산에 2곳 등 전국에 8곳만 있기 때문이다.

진주냉면을 맛보기 위해 부산 사하구 하단동으로 향했다. 황 할머니 2남 3녀 중 첫째인 하기연 씨가 하단에서 진주냉면 가게를 열었다. 하씨로부터 돌아가신 아버지 하거홍 씨의 이야기를 들었다.

“아버지는 하루에도 냉면을 몇 그릇씩 드시며 거의 냉면으로 사셨다. 육수가 항상 머리맡에 있어야 했다. 지금도 아버지 제사상에는 냉면을 올리고 성묘 때에도 빠뜨리지 않는다.” 하씨의 냉면 사랑을 자식들이 이어받아 모두 진주냉면집을 하고 있다. 대연동점은 하기연 씨의 작은아들인 이한보 씨가 맡아서 한다.

하기연 씨는 “한여름 뙤약볕 아래서 번호표를 받고 길게 줄서서 기다리는 손님들을 보면 미안하다”고 털어놓는다. 진주냉면은 명성만큼이나 손님들의 원성도 만만치 않다. 겨우 기다려서 주문을 해도 나오는 데까지 시간이 오래 걸려, 일부러 그러는 게 아니냐는 오해까지 받는다. 하씨는 “메밀이 많이 들어 삶는 데 시간이 걸려서 그렇다. 우리 집의 면은 전분과 통밀가루가 들어가지만 메밀의 비중이 월등하게 많다”고 말한다.

진주냉면의 메뉴에는 물냉면, 비빔냉면, 또 물비빔(부산에서만 판매)이란 게 있다. “와 이리 양이 많노?” 이런 이야기가 나오기 십상이다. "아무리 냉면이라도 한 끼 식사가 되어야 하지 않겠나"는 게 창업주의 뜻이었다.

냉면에는 각종 재료들이 푸짐하게 담겼다. 배, 오이, 무채, 편육, 지단, 달걀, 실고추, 석이버섯, 육전 이렇게 9가지가 들어가야 진주냉면이다.

진주냉면의 고명 중에 가장 특이한 것이 육전이다. 육전은 우둔살에 밀가루를 약간 발라 계란을 입혀 구워냈다. 어떤 이는 "냉면과 육전은 참을 수 없는 언밸런스"라고 불평을 한다. 그보다 훨씬 많은 사람들은 육전과 편육이 주는 든든함을 좋아한다. 고소하게 씹히는 육전의 맛이 좋다.

물과 비빔을 섞은 '물비빔'이 가장 많이 나가는 메뉴. 진주냉면을 처음 접한다면 무난한 물비빔이 괜찮다. 하지만 진주냉면의 진정한 매력은 해물육수 맛이 제대로 나는 물냉면에 있다. 진주냉면은 마른 홍합, 새우 등 해물 10여 가지가 들어간 해물육수로 만든다.

해물육수를 처음 먹을 때는 비릿했다. 그동안 먹었던 맑고 깨끗한 냉면 국물과는 차이가 컸다. 두 번째 먹으니 좀 괜찮게 느껴진다. 이렇게 먹다 돌아갈 때쯤이면 해물육수의 풍미가 자꾸 생각이 난다.

진주냉면 하단점

비빔냉면 8천 원, 물냉면 7천500원, 물비빔 8천 원(소 기준). 영업시간은 오전 10시~오후 10시. 일요일에는 쉰다. 부산 사하구 하단1동 116의 7. 하단 오거리 복개도로 하단교회 맞은편. 051-207-6555.

진주냉면 대연동점

영업시간 오전 11시~오후 9시 30분. 일요일에도 영업. 교통방송국 바로 오른쪽 일방통행로. 051-623-2777.

부산에 오면 꼭 먹어야 한다

앙장구밥

경상도 사투리로 성게를 뜻하는 앙장구와 앙장구밥

맛있다고 소문난 집은 문전박대하기 일쑤다. '앙장구밥' 으로 이름난 부산 기장군 일광면 미청식당도 그랬다. "신문에 낸다고? 뭐 할라고, 안 그래도 장사 잘되는데…." 미식가로 소문난 사람들에게서 '최고 맛' 이라는 이야기를 들은 터라 사정을 해야 했다.

"그런데 앙장구가 뭐예요?" "그것도 모르고 왔나?" 앙장구는 성게를 뜻하는 경상도 사투리이다. "에라이, 앙장구 같은 놈아!" 라는 표현도 있다. 성게의 모습으로 보거나 어감상 별로 좋은 의미는 아닌 것 같다. 성게란 놈은 잘못 만졌다가는 뾰족뾰족 튀어나온 가시에 찔려 "앗 따거" 하기 십상이다.

성게는 전 세계에 900종이 분포하며 한국에서는 그중 30종이 서식한다. 앙장구밥으로 해먹는 성게는 이 가운데 말똥성게다. 말똥성게는 생김새가 둥글고 말똥 비슷하게 생겼다고 해서 붙은 이름이다. 껍데기에는 상대적으로 짧고 가는 가시가 나 있는데 맛은 우리나라 성게 중 으뜸으로 친다. 그런데 이 말똥성게는 아쉽게도 거의 일본으로 수출된다. '수출의 역군' 이라고 좋게 볼 수도 있지만 좋은 건 다 남의 입에 들어간다는 생각에 마음이 아프다.

기장 일대의 해녀들이 아침에 잡은 성게를 손질해 매일 저녁 무렵이면 식당으로 직접 가져온다. 뾰족뾰족한 가시 속에서 영롱한 노란 빛깔이 드러나는 게 신기할 따름이다.

미청식당은 이곳에서 2대째 장사를 하고 있다. 이 집 며느리로 들어와 10년 넘게 장사한다는 한경아 씨가 드디어 주방에서 밥을 차리기 시작한다. 손님이 뜸한 오후 3시 무렵. 점심 먹은 지 두어 시간 만에 다시 또 점심을 먹는 셈인데도 고소한 냄새에 군침이 돌기 시작한다.

"아, 이게 성게알 덩어리예요?" 노란 알이 그만큼의 양이 되려면 몇 마리의 알을 합쳐야 할까. 한 마리의 성게에서 나오는 알은 정말 얼마 되지 않는다.

드디어 앙장구밥이 나왔다. 앙장구밥에는 김, 깨, 성게알, 참기름과 적당한 양념이 들어간다. 하얀 밥 위에 노릇노릇한 성게알, 그 위에 다시 깨소금이 뿌려져 있다. 그냥 한 숟가락 퍼서 입에 넣으려는데, 아직은 멀었다. 사진기자가 앙장구밥 사진을 찍어야 한다. 위에서 찍고, 옆에서 찍고, 바짝 붙어서 찍고…. 앙장구밥 찍는 데 몇십 분이다. "식으면 맛없다니까…." 주인 한씨가 또 한마디 한다.

노릇노릇한 성게알을 밥에 서걱서걱 비볐다. 비비며 왠지 모르게 먹기가 아깝다는 생각이 들었다. 밥을 한술 떴다. 입안에서 밥이 녹아내렸다. 아! 입에서 녹는다는 말이 이런 말이구나…. 입에서 녹아내린 앙장구밥은 목구멍으로 쑤욱 하고 사라졌다. 어, 이게 아닌데, 아닌데 하다가, 다시 한 숟가락. 또다시. 그러다 밥 한 공기가 어느새 사라졌다.

밥을 다 먹었는데 아쉽고 허전했다. 참, 반찬 이야기가 빠졌다. 반찬은 미역, 다시마, 청각, 미역국 등 해산물 위주로 특색 있다. 돌아오는 길 내내 입안에 바다 향기가 그득했다.

미청식당

앙장구밥 1인분 1만 5천 원, 갈치찌개 1만 5천 원, 갈치회 2만 원. 영업시간 오전 10시~오후 8시. 부산 기장군 일광면 삼성리 28의 1. 일광역 앞에서 해운대 방면으로 50m. 051-721-7050.

※부산의 향토음식

부산시가 지정한 향토음식은 생선회, 동래파전, 곰장어, 아귀찜, 흑염소불고기, 밀면, 붕장어요리, 해물탕, 복어요리, 낙지볶음, 재첩국, 붕어찜, 돼지국밥 등 13가지이다.

계절별 맛을 찾아

봄 사찰음식

봄이 먼저 오는 곳은 어디일까? 아무래도 무채색의 도시보다는 새싹이 돋고 꽃이 피는 산과 들일 게다. 성마른 마음에 봄을 찾아 나섰다. 경남 양산시 하북면 용연리 노전암(爐殿庵)은 내원사의 암자로 사찰음식이 맛깔나기로 이름이 났다. 소문을 듣고 전화했다고 하니 "취재는 안 되지만 밥은 한 그릇 줄 수 있다"는 애매한 답변이 돌아왔다.

내원사 주차장에 도착한 뒤 산길을 따라 한참 올라가니 노전암이 나왔다. 큰스님이 대웅전에서 불공을 드리는 동안 주방 옆의 방에서 기다리라고 했다. 주방에서는 점심 공양 준비가 한창인지 고소한 냄새가 스며 나온다. 참기름 냄새에 고추장을 볶는 냄새가 섞여 있는 것 같다. 사진기를 꺼내니 주지 스님의 허락 없이는 절대로 사진을 찍을 수가 없다고 한다. 역시나 밥만 줄 모양이어서 마음이 금세 어두워졌다.

주방 쪽을 바라보니 비구니 두 분과 공양을 도와주는 공양주 두 분이 나물을 무치고 반찬을 밥상으로 옮기느라 분주하다. 꽤 여럿이 둘러앉아 먹는 밥상을 4층까지 차곡차곡 포개어 쌓는다. 작은 비구니 암자에 평일인 데도 공양하러 오는 사람이 많은 모양이다.

정오가 넘었는데도 염불소리는 낭랑하니 그칠 기미가 안 보인다. "염불을 하면 배도 고프지 않나?" 배가 고프니 심술이 먼저 고개를

노전암 장독대와 부엌

들었다. 오후 1시 가까이 되어서야 재가 끝나고 노전암 주지 능인 스님을 만날 수 있었다. 19세에 출가해 이곳에서만 50년 가까이 있었다고 했다. '능히 인내한다', 능인(能忍)이라는 법명, 공양주 스님으로 노전암에서 평생 살아온 게 우연치고는 신기하다는 생각이 들었다.

드디어 점심 공양이 나왔다. 그런데 도대체 반찬 가짓수가 몇 가지인가? 세어보니 무려 23가지이다. 시장기까지 반찬에 더해져 24가지다. 대구에서 왔다는 한 보살은 "다른 절에는 기껏해야 반찬이 3~4가지에 불과한데 여기는 한정식 집에서 먹는 것 같다"며 감탄을 한다. 그 옆의 보살은 "친정어머니가 해주는 반찬 같아서 너무 좋다"며 입가에 미소를 머금는다.

반찬 가운데 우선 열무김치가 단박에 눈길을 사로잡는다. 지금도 주방을 지휘하는 능인 스님은 "봄이 다가와 어제 열무김치를 새로 담갔다. 열무김치는 담가서 금방 먹거나 아니면 푹 익어야 맛이 있다"고 이야기한다. 겨우내 먹어서 군내 나는 배추김치 대신 아삭하게 씹히는 열무김치는 새봄을 알리는 것 같다.

사찰음식 아니랄까봐 채소들이 줄줄이 퍼레이드를 한다. 콩나물, 미역나물, 파래나물, 취나물, 고사리 무침, 토란 줄거리, 상추, 오이와 고추, 아주까리 잎, 우엉조림, 당근으로 만든 산적, 매실장아찌, 김치 등등이다. 전부 천연조미료로 만든 것들이다. 밥은 아까 장작불에 가마솥으로 하는 것을 보았다.

스님은 따로 쑥밥을 먹고 있었다. 별도의 작은 솥에 쌀을 넣은 다음 그 위에 쑥을 넣고 찐 것이다. "옛날에 가난할 때 먹던 음식인데 신도 한 분이 쑥을 직접 캐서 들고 왔다"며 먹어보라고 숟가락으로 쑥밥을 떠준다. 우리나라에서 나는 것 중에 인삼, 쑥, 마늘이 으뜸이라고 하는데 쑥밥의 맛은 사실 잘 모르겠다. 쑥밥의 향을 느껴보려 애를 쓰며 그렇게 오래 염불을 하면 시장하지 않냐고 물었다. 스님은 "염불을 하지 않으면 소화가 안 되어 밥이 잘 안 넘어간다"고 했다.

입맛이 없기 쉬운 봄에는 무엇을 먹으면 좋냐고 물었다. "된장을 지져서 봄에 나는 쑥을 넣어 끓이면 칼칼한 맛이 나지. 봄에는 열무김치에 도라지를 볶고 미역나물, 파래나물, 감자와 토란을 넣고 국 끓이고, 쑥국도 하고 미나리, 시금치나물로 먹으면 좋지. 겨울 지난 묵은 김치는 시래기 끓여먹으면 그만이고. 오이와 풋고추, 상추쌈도 어울리고. 냉이는 음력설을 쇠면 맛이 없어져."

스님은 봄에는 나물을 많이 먹으라고 했다. 미나리는 논에 나는 나물, 시금치와 취나물은 들에 나는 나물, 미역과 파래는 바다에 나는 나물이다.

노전암 반찬 가운데 매실장아찌를 빼놓을 수 없다. 사철 먹는 매실장아찌는 매실 농축액을 빼고 간장에 설탕 넣고 담갔는데 달콤하다.

잘 먹고 나서 "절 음식은 다 웰빙음식이지요"라고 아는 척을 했다. 그랬더니 "대한민국 음식은 다 웰빙이다. 식당에서 사 먹는 것 말고 어머니가 해주는 반찬은 역시 다 웰빙이다"고 이야기한다. 채소에 된장과 나물, 거기다 더 얹어봐야 조기 한 마리의 엄마표 밥상이 웰빙이 아닐 리 없다는 것이다.

노전암의 음식은 짭조름하다는 이야기를 듣기도 한다고 했다. 간장, 참기름, 깨소금으로 간을 해 간이 딱 맞는 데도 인공조미료에 길이 들다 보면 그런 이야기를 한다.

스님은 양산대의 요청으로 양산대에서 사찰음식 20여 가지로 전시회를 연 적도 있다. 스님은 음식의 비법을 세 가지로 요약했다. 정성과 손맛, 그리고 간이 딱 맞아야 맛이 있다. 가족이나 대중에게 맛있게 먹여야지라는 생각을 가지고 음식을 하다 보면 자연히 맛이 있어진다고 한다.

노전암에 오는 사람들의 절반 이상은 밥이 맛있다는 이야기를 듣고 오는 사람들이다. 왜 그렇게 하시냐고 물었더니 "여러 반찬으로 밥 맛있게 먹으라고 그런다"고 대답했다. 이제 그만 가야겠다고 인사를 하자 봄에 또 밥 먹으러 오라고 한다. "그때는 반찬이 달라지느냐"고 묻자 "나물 한두 가지가 더 있으려나" 한다.

바람을 쐬는 스님을 뒤로 하고 절을 나서자 절 입구의 나무에 까치가 두 마리 앉아서 울어댄다. 개울에는 겨우내 얼었던 물이 졸졸졸 하며 흐른다. 절 앞 나무에는 연등이 꽃처럼 열려 있다. 까치가 우니 반가운 손님이 오려는 모양이다. 반가운 손님은 바로 '봄'이다.

노전암

낮 12시~오후 2시 무료 점심 공양. 경남 양산시 하북면 용연리 291. 내원사 매표소 주차장에서 도보로 2㎞(20~30분 소요). 사찰 운행 차량 이용 가능. 055-374-6473.

봄 두부조림

우리 조상들의 지혜가 담긴 콩 제품 가운데 으뜸으로는 두부를 친다. 옛날부터 부족한 고급 단백질을 콩에서 얻었다. 두부는 장수식품으로 치매를 예방하고 노화를 방지하는 효과가 있다. 고려 말기의 학자 이색도 『목은집』에서 "두부가 새로운 맛을 돋우어주어 늙은 몸이 양생하기 더없이 좋다" 고 말하고 있다.

경남 양산 통도사 뒤편에는 손두부를 만들어 통도사에 공급해온 집들이 있다. 두부 먹으러 가는 길, 봄기운에 나른해져 쳐다본 하늘이 뿌연 게 꼭 콩물 부어놓은 것 같다는 생각이 들었다.

통도사 뒤편 '청수골 산장가든' 에서 맛본 멸치가 들어간 옛날식 두부조림은 평범하고 소박했다. 시골에서 흔하게 먹던 그런 음식이었다. 두부조림은 간단했다. 돌판 위에 두부를 잘라서 올린다→굵은

멸치를 넣는다→양념과 파를 넣고 불에 끓이면 끝이다.

두부만큼 생명이 짧은 것도 없다. 그래서 두부를 만드는 일은 매일 아침 반복된다. 오전 8시부터 2시간에 걸쳐 두부를 만든다. 굵고 좋은 콩을 쓰면 비지가 적게 나오고 두부가 맛나다.

드디어 상 위에 입맛을 자극하는 빨간색 국물을 뒤집어쓴 두부조림이 올랐다. 김이 모락모락 난다. 빨간색 국물과 두부 사이로 굵은 멸치가 '나 잡아봐라' 며 몸통을 내민다.

두부와 멸치의 조합인 두부조림을 한입 떠넣었다. 이게 웬일인가? 처음 먹는데도 예전에 먹어본 기억이 난다. 머리는 기억을 못 해도 혀는 기억을 하고 있었던 것 같다. 멸치 배를 갈라 먹는 재미도 있다. 반찬도 산초지, 무지, 곤달비 무침 등 완전 자연산이다.

청수골 산장가든 앞에는 평산 약수터가 있고, 이 집에서 나온 음식들의 90% 이상이 직접 농사를 지어 아침에 따서 만든 것이다. 맛이 있는 이유가 다 있다.

청수골 산장가든

옛날식 두부조림 6천 원. 영업시간 오전 11시~오후 9시. 경남 양산시 하북면 지산리 269. 통도환타지아 방향으로 가다 통도사관광민속마을 쪽에서 5분 거리. 055-383-1286.

봄 산채비빔밥

산성 가는 길은 부산을 벗어나는, 홀가분한 느낌이 든다. 봄을 완상하는 데 더없이 좋다는 '청산별곡' 을 찾았다. 외로운 도심에 등불 하나 내건 주막 같은 느낌이다. 올해로 25년이 넘었는데 메뉴가 한 번도 달라진 적이 없단다. 전통을 깨지 않고 열심히 하겠다는 다짐이 오히려 더 고맙다.

아직 밤이 되면 쌀쌀해 따끈한 방 안은 오붓함 자체이다. 가오리찜과 산채나물을 시켰다. 가오리는 참가오리, 정월의 가오리가 맛이 있단다. 가오리찜을 초장에 찍어 먹으니 참 쫀득쫀득하다.

커다란 대접에 산채나물이 수북하게 나온다. 종류도 많다. 콩나물, 숙주나물, 겨울초, 도라지, 고사리, 취나물 등 이날은 11종류이다. 가지나물이 빠졌고, 봄이 되면 미나리도 올라온다. 봄에는 미나리가 그렇게 맛있어진다.

산채나물이 안주로는 최고라는 사실을 아시는지? 소금, 참기름, 통깨 이렇게 딱 3개만 쓴 나물이 고소하다. 호박과 콩나물은 아삭하다. 화학

조미료를 일절 사용하지 않는 나물은 포장으로도 많이 나간다. 안주로 먹다 남으면 밥에다 비벼 먹으면 된다. "박주산채(薄酒山菜)일망정 없다 말고 내어라."

직접 담근 청주가 한 병 나왔다. 술맛이 꽤 좋다. 가게 앞 벚나무들은 곧 만개할 것 같다. 안청산 대표는 "처음에 내 키만 하던 벚나무가 지금은 이렇게 큰 나무로 성장했다. 벚꽃이 피면 실내에 불을 꺼도 밖이 환하다"고 말한다. 벚꽃을 청주에 띄워 먹는 운치도 느낄 수 있다.

안 대표가 영화배우 강수연 씨와 같이 찍은 사진이 눈에 띈다. 이때만 해도 다들 활짝 핀 벚꽃 같다. 방 안의 동백꽃, 안 대표가 부르는 '동백아가씨' 노래와 잘 어울린다.

동백이나 목련은 툭툭하고 소리를 내며 떨어진다. 벚꽃은 비가 되어 내린다. 봄비가 내린다.

청산별곡

산채비빔밥 9천 원, 가오리찜 2만 원, 청주 1병에 1만 2천 원. 영업시간 낮 12시~오후 10시. 일요일에는 쉰다. 부산 금정구 장전2동 501의 112. 식물원 매표소에서 산성 쪽 400m. 051-517-5575.

봄 순두부, 청국장

맛있고 저렴한 집의 대명사는 기사식당이다. 부산에서 기사식당 하면 순두부와 청국장이 좋은 '거창맷돌' 을 빼놓고 이야기할 수가 없다. 봄이 되면 생각나는 집이기도 하다.

백형수 대표는 1983년 부산진구 범천동에서 테이블 6개에 불과한 작은 식당으로 시작했다. 옆집이 기사식당이어서 택시기사들도 한두 명씩 오게 되었다. 장사가 잘되자 집주인이 그만 나가라는 게 아닌가.

길바닥에 나앉게 생겼는데 택시기사 한 분이 사직동 고속버스터미널 근처로 가보라며 자기 차로 직접 데려다 주었다. 그게 지금의 자리였다. 장사는 지난 88년부터 대박이 나기 시작했다. 메뉴는 순두부. 해물, 들깨, 굴순두부 등 종류도 꽤 다양하다.

여기서는 먹을 만큼 반찬을 알아서 덜어 먹는 방식이다. 지난 85년부터 이렇게 해오고 있다. 뷔페도 드물던 시절, 반찬을 직접 가져다 먹게 했더니 손님들이 삐쳐서 많이 돌아갔다. 역시 85년부터 식당에 '금연' 이라고 붙이고 실내에서 담배를 못 피게 했다. 그걸로 참 많이 싸웠단다. 처음에는 이해하지 못하는 손님도 많았지만 세월이 약이었다.

이야기를 듣고 나니 콩나물, 무채나물, 미역나물 반찬이 더 맛이 있다. 순두부에 딸려나온 비지가 잘 발효되어 쿰쿰하다. 청국장처럼 띄워서 만든다는데 아주 담백하다.

들깨순두부, 이거 몸에 좋은 건 확실하다. 밥은 모두 '오가리솥밥'으로 나온다. '오가리'는 밥솥이 휘었다는 말이라는데, 사전에는 '항아리'의 전라도 방언이라고 나온다. 순두부에 만 밥이 술술 들어간다.

1층은 기사들이 많이 이용하고, 2층은 단체와 가족석으로 구분되었다. 특허청에서 발명특허를 받은 쑥두부와 두부갈비찜도 있다. 두부 안에 쑥이 들어가 앉아 신기하다.

거창맷돌은 기사식당으로 출발했지만 지금은 일반 대형식당으로 성장했다. 택시기사들과의 끈끈한 인연은 계속되고 있다. 백 대표는 자신과 부인의 회갑이 되던 지난 2001년에 거창맷돌 장학회를 만들어 지금까지 택시기사의 자녀들에게 장학금을 주고 있다.

백 대표는 "우리 식당에 자주 오는 택시기사들에게 조금이라도 도움이 되었으면 좋겠다는 마음에서 시작한 일이다"고 대수롭지 않게 말한다. 차 바퀴도, 소문도, 인연도 돌고 돈다.

거창맷돌

맷돌 · 해물 · 들깨 · 고기 · 굴 · 카레순두부 6천 원, 청국장 5천 원, 두부갈비찜 소 2만 3천 원. 영업시간 오전 9시~오후 10시. 부산 동래구 온천3동 1447의 12. 반도보라아파트 101동 정문 맞은편. 051-504-3520.

여름 물회

물회의 유래

여름이 되면 시원한 물회 한 그릇이 생각난다. 물회의 기원은 배를 타는 어부들 사이에서 비롯되었다. 고된 새벽일을 끝낸 어부들은 배 위에서 허기와 전날의 숙취를 달래야 했다. 갓 잡은 고기를 썰고 고추장과 된장을 넣어서 비볐다. 오이와 배를 썰어서 넣고 식초도 뿌려보았다. 이렇게 배 위에서 거칠게 탄생한 물회가 육지에 돌아와서도 이상하게 생각났다. 이런 남편을 위해 물회를 만들었던 아내들이 생계를 위해 나중에 물회식당을 차렸다.

물회는 경북 포항, 강원도 속초, 제주도 서귀포 3곳을 대표적으로 알아준다. 속초는 오징어, 제주도는 자리돔을 고수한다.

대세는 역시 포항물회이다. 물회집 세 집 중 두 집 이상이 포항물회라는 간판을 내걸고 있다. 포항물회는 가자미, 도다리를 비롯해 그 계절에 나오는 생선을 주 재료로 삼는다.

포항물회

부산 연제구 연산동 목화예식장 뒤편에는 유명한 포항물회집인

포항회관이 있다. 처음 가서 먹어본 때가 오후 1시 30분께였는데 손님들이 끊이지 않고 들어왔다. 종업원들이 연신 "밥이 없어"라며 파닥파닥 뛰어다닌다.

한치물회가 나왔다. 이 집은 여름에는 한치물회, 가을부터 봄까지는 학꽁치물회 한 종류만 한다. 한치물회에는 하얀 배와 오이가 풍성하게 썰어져 있었다. 이렇게 좋은 재료를 쓰는 음식점을 별로 못 봤다.

포항 출신의 여주인 오종관 씨를 만났다. 후덕한 인상의 오씨는 웬만해서는 주방에서 일만 하지 밖으로 잘 나오지 않는다. 독실한 불교 신자인 오씨는 "절에서 부처님에게 바치는 식으로 손님들에게 음식을 대접하고 있다"고 말했다. 재료값이 올라 가격을 올리라는 주변의 압력이 들어와도 손님 입장에서 생각을 한다. 장사가 잘되어 보이지

만 가게는 오랜 기간 임대로 있다 2010년에야 겨우 내 집을 마련해 한시름을 놓았다.

오씨는 "음식은 솜씨, 맵시, 마음씨로 만든다"고 했다. 부족한 사람 흡족하게 먹고 가라고 추가 밥 가격도 받지 않는다. 오씨는 "물회는 10월에서 11월이 가장 맛이 있다. 학공치도 맛이 있고 제철에 나오는 배 같은 과일도 그때가 맛이 있어서 그렇다. 배탈 나기 쉬운 여름철에 한치는 탈이 안 나서 좋다"고 했다. 포항물회에는 12가지 재료가 들어간다.

포항회관
한치물회, 학꽁치물회 보통 8천 원, 특 1만 원. 영업시간 오전 11시~오후 9시. 부산 연제구 연산5동 1127의 28. 목화예식장 후문에서 아라비안나이트클럽 방향. 051-866-0480.

자리돔물회

영도에는 자리돔물회 전문인 부흥식당이 있다. 여기서 식당을 한 지가 30년, 자리돔물회를 전문으로 한 게 25년이 넘는다. 부산 자리돔물회의 원조이다.

이 집 며느리 고명순 씨가 손님을 반기는데, 식구들이 모두 제주도 한림 출신이라고 했다. 아직도 고씨의 시아버지, 시어머니가 아침마다 자리돔 다듬는 일을 도와준다.

자리돔이라는 제주산 물고기는 손바닥보다 작아서 손질하는 데 여간 신경이 쓰이는 게 아니다. 요즘 들어 충무와 거제에서도 자리돔이 나오지만 살이 얇고 뼈가 억세서 회로는 별로이다. 자리돔은 날씨만 좋으면 제주도에서 매일 공수해온다.

지금은 자리돔 하면 고개를 끄덕이지만 처음에 사람들은 자리돔이라는 고기를 잘 몰랐다. '자리돔' 이라고 이야기를 해도 '자라돔' 이라고 알아들었다. 그래서 한때는 '자라돔 아줌마' 라고 불리기도 했다.

제주식 자리돔물회는 초장 대신에 양념장과 된장을 사용한다. 색깔이 포항물회처럼 빨갛지 않고 고동색을 띠고, 고소한 냄새가 난다. 한 입 떠먹었더니 속을 달래는 편안하고도 구수한 맛이 난다. 속풀이로 정말 좋다. 먹어도 먹어도 질리지 않는 맛이다.

반찬으로 나오는 자리돔젓갈도 꼭 맛보아야 한다. 저녁 시간이라면 자리돔회도 권할 만하다. 회는 된장을 삭힌 소스에 찍어먹는다.

부흥식당

자리돔물회 7천 원, 자리돔회 2만 원, 제주갈치국 7천 원. 영업시간 오전 9시~오후 10시. 2, 4주 일요일은 쉰다. 부산 영도구 영선동 3가 67. 영도 아래로터리 남항대교 방향. 051-417-0227.

여름 장어

장어 알고 먹자

여름철 보양식으로 장어 싫다는 사람은 별로 없다. 장어에는 갯장어, 민물장어인 뱀장어, 바닷장어인 붕장어(아나고), 곰장어라 불리는 먹장어가 있다.

보양식으로는 어떤 게 가장 좋을까? 조영제 부경대 식품생명공학부 교수가 시원하게 답변을 해주었다. "장어에는 정력에 좋다는 비타민 A가 많다. 굳이 따지자면 비타민 A는 뱀장어, 갯장어, 붕장어, 곰장어의 순서로 많다."

뱀장어는 연어와는 정반대로 어릴 때 강으로 올라와 5~12년 생활하다가 산란기가 가까워지면 바다로 내려간다. 우리나라 뱀장어는 오키나와 동쪽 깊은 바다에서 산란한다. 그곳의 수심 400~500m 지점에 700만~1천300만 개의 알을 수정시킨 뒤 암수 모두 죽는다.

알은 열흘 만에 부화해 쿠로시오 난류를 타고 일 년간 부유생활을 하면서 북상, 우리나라 하구 부근에 이를 때 실뱀장어로 변태를 한다. 아직까지는 산란기술이 개발되지 않아 실뱀장어를 잡아서 양식하고 있다.

뱀장어는 세계적인 보신식품으로 오래전부터 먹어왔다. 일본에서는 여름철 보양식으로 장어구이밖에 없다. 독일인이 여름에 즐겨 먹는 아르숩페는 바로 장어 국이다. 덴마크의 명물인 장어샌드위치, 영국 노동자들이 즐겨 먹는 냉동한 장어젤리는 스태미나 음식이다.

장어집에 가면 장어 꼬리가 정력제라고 생각해 치열한 경쟁이 펼쳐진다. 알고 보면 꼬리 부위의 비타민 A 함량은 몸통보다 떨어진다.

민물장어

부산에서 김해를 갈 때 건너는 김해교(옛 선암다리) 일대에는 오래전부터 장어집들이 밀집해 있다. 가장 오래된 집이 40년 전통의 '향옥정' 이다. 이름부터 벌써 고색창연하지 않은가. 향옥정에 전화를 걸자 주인 공순자 여사가 집이 누추해서 곤란하다며 정중하게 거절을 한다. "누가 집을 보러 갑니까, 맛만 좋으면 그만이지요" 라며 약속을 잡았다.

향옥정에 들어가는 순간 다녀간 사람들의 사진을 보고 놀라고 말았다. 연예인으로는 김혜수, 황신혜, 이경규, 운동선수로는 이만기, 안정환, 송종국, 당대에 이름난 정치인에서 기업가들까지 손님으로 다녀갔다. 단 젊은 여자 연예인의 사진은 별로 없다. 화장 안 한 얼굴로는 사진을 못 찍겠다고 버텼단다.

장사를 시작했을 때는 초가집이었단다. 이 집에서 2남 3녀를 키우느라 돈도 별로 못 모았다는 공 여사의 십팔번은 이미자의 '여자의 일생' 이다.

향옥정은 장어를 밖에서 구워서 가져온다. 장어가 나오기 전에 찬이 담긴 상이 먼저 나왔다. 장이나 마늘 따위를 제외하고도 찬이 15개가 넘는다. 장어집이 아니라 한정식집 같다. 공 여사는 "초라한 오두막까지 찾아와준 손님들에 대한 보답이다" 고 말한다.

빨갛게 양념된 장어가 구워져 나왔다. 생강, 마늘, 고추장을 넣고 하루를 고아 만들었다는 소스에 장어를 찍었다. 끈적끈적한 소스에 몸을 맡긴 장어가 입안에서 스르르 녹아내린다. 양념 장어는 소스 맛인데, 소스 맛을 글로 표현하기는 참 어렵다. 또 생각날 뿐이다.

향옥정
식사를 포함한 장어구이 1인분에 2만 3천 원. 메기매운탕 소 3만 원. 영업시간 낮 12시 ~오후 9시. 경남 김해시 불암동 220의 83. 김해교를 건너 파출소 앞에서 대동 방향으로 우회전해서 30m 지점. 055-336-6283.

갯장어

갯장어는 흔히 하모라고 불린다. 하모라는 이름은 이빨이 날카롭고, 한 번 물었다 하면 잘 놓지 않는 습성 때문에 '물다' 라는 일본말 '하무' 에서 유래됐다고 한다. 이전에는 잘 먹지 않아 일본으로 수출만 하다 2000년대 초반 들어 부산에서 대중화됐다.

지난 1987년 부산에서 하모회를 처음으로 시작해 원조가 된 부산 서구 송도해수욕장의 태성하모횟집 김실근 대표는 "하모는 육질이 단단하면서도 연한 맛이 있어 여름철 횟감으로 일품이다" 고 말했다.

송도해수욕장 일대에는 하모횟집이 20곳도 넘는다. 그 가운데 송하횟집은 붕장어회처럼 물기를 꽉 짜서 담백하게 내놓는다고 소문이 났다. 곤포횟집, 소나무횟집도 유명하다. 송도해수욕장 일대에서는 하모회를 약간 길게 써는 것이 특징이다. 하모회는 고추냉이 간장이나 양념장, 초고추장에 식성대로 찍어 먹으면 된다. 야채에 쌈을 싸먹어도 맛있다.

하모회를 먹는 다른 방식이 있다. 횟집마다 갖은 양념으로 버무린 초고추장소스가 나오는데 그 소스에 회를 찍어 양파와 함께 먹는다. 아삭아삭하면서 고소하게 씹힌다. 양파 대신 채를 썬 각종 야채와 함께 버무려도 먹는다. 야채와 어우러진 새콤달콤한 맛이 그만이다.

태성하모횟집
하모회 5만~8만 원. 영업시간 오전 10시~오후 11시. 마지막 주 화요일에 쉰다. 부산 서구 암남동 127의 3. 송도해수욕장 예전 구름다리 있던 곳. 051-242-1886.

송도해수욕장과는 조금 떨어진 미성식당은 하모 전문횟집으로 소문이 났다. 이곳에서는 회뿐 아니라 데침회도 일품이다. 데침회는 흔히 말하는 '샤부샤부'라고 생각하면 된다. 하모 머리와 뼈 등을 고아 만든 육수에 각종 야채와 한약재를 넣고 팔팔 끓인 뒤 촘촘히 칼집을 낸 하모를 살짝 데쳐 먹는다. 이때 고기 색깔이 하얗게 변하면서 오그라드는데 그 모습이 아름다운 눈꽃을 닮아 '하모꽃'이라 부른다.

초고추장이나 고추냉이 간장에 찍어 먹으면 담백하면서도 혀를 감치는 부드러움이 오래도록 기억된다. 전식으로 나오는 뼈 튀김이나 후식으로 나오는 어죽은 하모만의 특별 보너스이다. 가끔 이것 때문에 먹는다는 생각도 든다. 하모죽의 맛도 구수하니 괜찮다. 이 갯장어란 녀석은 껍질이 벗겨진 채로 무려 10시간 정도나 견딜 정도로 생명력이 강하다.

미성식당

하모회 소 4만, 대 7만 원. 샤부샤부 소 5만, 대 8만 원. 영업시간 오전 10시~오후 11시. 부산 서구 암남동 95의 21. 송도 아랫길 대림아파트 맞은편. 051-244-6143.

여름 삼계탕

여름 보양식의 대명사 삼계탕. '대궁삼계탕' 은 부산의 삼계탕집 가운데 가장 맛이 있다고 이름이 난 곳이다. 부산의 한 이름난 언론인은 "청와대에 가서 먹어도 이 집보다 맛이 못하더라. 서울 사람들에게 부산 가거든 꼭 여기 가라" 고 권유한단다.

특별히 특 삼계탕을 시켰다. 일반 삼계탕보다 특 삼계탕의 육질이 더 부드럽다. 인삼주부터 한 잔 걸쳤다. 인삼향이 진하게 올라오는 사이에 펄펄 끓는 삼계탕이 나왔다.

삼계탕 국물 맛이 다르다. 전정희 대표는 "국물에 마늘을 많이 넣어서 시원하고 잡냄새가 나지 않는다" 고 설명한다. 사실 닭을 삶는 방법은 비슷한데 국물이 포인트이다. 삼계탕의 배를 쩍하고 가르니 찹쌀이 터져 나온다. 뜨거운 찹쌀이 속으로 들어간다. 속이 뜨끈하며 "아이고 죽인다" 소리가 저절로 나온다.

대궁삼계탕 손님 3분의 1은 일본 사람들이다. 일본 잡지에 10여 년 전부터 알려지며 수십 마리씩 포장해서 가져가는 사람도 있다. 적게 먹는다는 일본 사람들인데 꼬마들도 삼계탕 한 그릇씩 거뜬하게 다 먹는다.

메뉴에 낯설어 보이는 삼계치킨이 있다. 삼계치킨은 삼계탕용의 작은 닭을 사용해 고기가 연하고 맛이 있다. 닭볶음, 닭찜은 술안주용으로 낮에는 판매하지 않는다.

대궁삼계탕

삼계탕 1만 2천 원, 삼계치킨 1만 5천 원. 영업시간 오전 9시~오후 10시. 부산 중구 중앙동 3가 13의 15, 중앙동 40계단 앞. 051-463-9444.

가을 송이버섯

가을이 되면 육지에 나는 것 가운데는 가장 먼저 송이버섯 생각이 난다. 소나무 잎이 떨어진 곳에 잡초는 자라지 않지만 송이버섯은 자란다. 송이버섯은 소나무에 이로움을 주기 때문이다.

송이버섯은 향기가 독특하고 맛이 좋아 식용버섯 중에서 으뜸으로 친다. 버섯 가운데 송이가 항암 효과가 가장 좋다. 또 섬유 분해효소가 많아 송이를 넣어 밥을 지으면 소화가 잘 되니 약이 따로 없다.

부산에서 가장 오래된 버섯 전문점 '속리산버섯'을 찾았다. 김갑임 대표에게 송이버섯 자랑을 실컷 들었다. "송이를 씻고 나면 꼭 손에 영양크림을 바른 것 같다. 그래서 우리 식구들은 아무도 영양크림을 안 바르고 김장도 그냥 맨손으로 한다. 아침 빈속에 날 것으로 송이를 하나 먹으면 하루 종일 입안에서 향이 느껴진다. 송이밥을 먹고 화장실에 가면 변에서 송이향이 난다."

한 번은 송이버섯에서 벌레가 나왔다. 그걸 본 한 손님이 잽싸게 벌레를 주워 먹으며 "송이에서 나오면 다 좋은 것"이라고 말했단다. 송이는 수입품이 들어오기 전인 1992년에는 1kg에 300만 원까지 했다니 금값이 따로 없다.

김 대표는 맛과 향에서 북한산이 괜찮다고 알려줬다. 국산은 보기는 좋지만 벌레가 많이 먹었고, 중국 송이는 길고 물이 많다. 북한산은 짧은데 썰면 밤 썰듯이 착착 나가고 맛이 있단다.

자연송이를 넣어 밥을 따로 한 자연송이밥을 시켰다. 맨밥으로 먹어도 송이밥은 향긋해서 좋다. 간장소스에 비벼 먹으니 더 고소하다. 입안에서 송이향이 툭툭 터진다. 이 향이 언제까지 갈지 궁금하다.

속리산버섯

자연송이밥 · 덮밥, 능이밥 1만 원. 영업시간 오전 9시~오후 10시. 첫째 일요일에 쉰다. 부산 중구 부평동 2가 75. 부산은행 부평동 지점에서 부평동시장 방향으로 50m. 051-245-0464.

가을 전어

가을 하면 전어다. 얼마나 맛이 있는지 옛날부터 가출한 며느리 찾는 데는 항상 전어를 내세웠다('전어 굽는 냄새에 집 나갔던 며느리 다시 돌아온다'). 세상이 바뀌어 요즘은 전어 대신에 돈 냄새를 맡아야 돌아온다고 한다.

이전에는 전어의 피부가 거무튀튀해서 보기 싫다, 비린내가 난다며 완전히 찬밥 신세였다. 워낙 양식산이 범람하다 보니 가을만 되면 사람들이 자연산인 전어를 찾기 시작했다. 이제는 누가 뭐래도 전어가 '국민 대표 가을 생선' 이다.

'가을 전어 대가리에는 참깨가 서 말' 이라고 한다. 가을이 되면 전어는 봄에 비해 지방질이 세 배 이상으로 많아져 맛이 고소해진다.

부산 명지는 활(活)전어를 우리나라에서 처음으로 해먹은 곳이다. 전어를 워낙 좋아하는 명지 사람들은 '머리통 쪼기' 라고 주둥이와 아가미 쪽을 쳐낸 뒤 그냥 머리를 세 동강 내 머리통을 먹는다. 살아 있는 전어의 비늘만 치고 한 마리를 통째로 먹어버리는 사람도 있다.

전어는 역시 뼈째 썰기(세꼬시)가 제맛을 내는 칼질이다. 가을 전어 맛보기에 좋은 뼈째 썰기 전문점 수영구 남천동 '영미횟집' 을 찾았다. 영미는 이 집 안주인 주경자 씨의 큰딸 이름이다. 영미 씨는 시집 가 잘 산다.

이 집은 일식집처럼 일 인당으로 계산하는 게 특색이다. 도다리 뼈째 썰기를 시켰다. 아! 이 집 회 썰어 나오는 것 좀 보소. 도다리의 새하얀 속살이 늘씬한 아가씨 다리 모양으로 쭉쭉 뻗었다. "내 다리가 예뻐." "아냐 내 다리가 더 예뻐." 미스코리아들이 경쟁하는 것 같다.

회 밑에는 대나무 발, 또 그 밑에는 얼음 팩이 놓여 한기가 올라온다. 이 길쭉한 회를 묵은지와 함께 싸서 한 입 먹었다. 회 맛이 다르다. 이 자리에서 25년이 넘는 주씨의 내공이다. "회를 좋아해서 이렇게 저렇게 썰어보다 고기에도 질이 있다는 사실을 깨달았다. 그때부터 회를 이렇게 길쭉하게 썰게 되었다. 이 방식은 남자들보다 차분한 여자들에게 잘 맞는 것 같다."

드디어 이날의 주인공 전어가 나왔다. 전어 살이 어떻게 이렇게 뽀얄 수가 있을까. 전어의 거무튀튀한 모습이 싫다는 사람도 이 집에 오면 반할 것 같다. 주씨는 "잡숴봐야 안다. 우리 집 전어는 금전어"라고 자랑한다.

뼈째 썬 전어를 막장에 찍으면 고소함이 배가 된다. '전어국수'라고 들어보셨나. 뽀얀 전어 뱃살을 잘게 써니 흡사 국숫발이 되었다.

묵은지가 맛이 있고, 전어젓갈은 고소하다. 젓갈 좋아하는 분은 자주 오게 된다. 깻잎이 가득하게 든 매운탕이 진하고 맛이 있다.

영미횟집

자연산 횟감 일 인당 2만 5천 원~4만 원. 영업시간 오전 11시 30분~오후 11시. 부산 수영구 남천1동 558의 12. 남천동 방파제 해변도로(뉴비치아파트 501동 옆). 051-628-1142.

가을 낙지연포탕

'봄 조개, 가을 낙지' 라는 말이 있다. 다 때가 되어야 제구실을 한다는 뜻이다. 힘 빠진 소도 낙지 서너 마리를 먹으면 벌떡 일어난다. 일제가 가미가제 특공대원들에게 흥분제 대신 먹인 게 타우린인데, 낙지 성분의 34%가 바로 이 타우린이니 말 다했다.

날씨가 쌀쌀해지면 뜨끈뜨끈한 연포탕 생각이 머릿속을 맴돈다. 연포탕(軟泡湯)은 두부를 잘게 잘라 꼬챙이에 꿴 뒤 기름에 부치거나 닭고기를 섞어 국으로 끓인 것을 말한다. 낙지를 넣고 끓인 연포탕이 일반화되면서 연포탕 하면 낙지를 떠올리게 된 것이다. 정확하게는 '낙지연포탕' 이라 불러야 한다.

숭고하면서도 슬픈 낙지들의 사랑 이야기를 소개한다. 겨우내 갯벌 구멍 속에서 운우지정을 나눈 암수 낙지. 봄이 되면 산란해 수정이 끝난다. 숫낙지는 이쯤 되면, 지겨워져서(?), 필사적으로 구멍을 빠져 나오려 한다. 하지만 사랑했던 암낙지는 숫낙지를 그만 홀라당 잡아먹고 만다.

슬프다! 숫낙지의 운명. 그러나 슬퍼 말라. 숫낙지를 잡아먹고 기운을 차린 암낙지, 역시나 새끼들을 위해서 자기 몸을 바친다. 알에서 깬 새끼들은 여름까지 어미의 몸을 뜯어먹고 자란다.

부산 해운대구 중동 '조방낙지' 의 연포탕은 국물이 시원하다고 소문이 났다. 이 집 연포탕에는 커다란 키조개가 들어간다. 무, 콩나물, 모시조개, 버섯, 인삼, 대추 등 몸에 좋은 것들을 모두 넣고 샤부샤부처럼 만들어서 먹는다.

김호광 대표는 "처음에는 제맛이 안 나 고생했지만 깊은 바다에서 나는 생선 한 가지가 연포탕에 진하디진한 국물 맛을 내어주었다"고 말한다. 그 생선이 무엇인지는 모른다. 알아도 말 못 한다. 전라도에서 먹는 연포탕보다 더 시원한 국물 맛이 난다는 이야기를 듣는다.

김씨가 수족관에서 낙지를 꺼내는데 이 녀석이 김씨의 손을 치렁치렁 감는다. 그 또한 살기 위한 투쟁이다. 어디 있는지도 모르는 입에 가끔 물리기도 한다.

산 낙지를 가져와 끓는 냄비에다 넣자 뜨거운 육수에 몸을 이리저리 뒤틀면서 그야말로 전전반측한다. 연포탕에는 큰 낙지 세 마리가 들어간다.

조방낙지
연포탕 중 3만 5천 원, 대 5만 원. 영업시간 오전 10시~오후 10시. 부산 해운대구 중동 214의 2. 중동역 6번 출구에서 르노삼성AS센터까지 올라와 왼쪽으로 들어오면 된다. 051-704-0022.

나중에 먹물을 터뜨리니 국물이 더욱 진해서 해장하기에는 그만이다. 국물이 입에 감긴다. 그래서 낙지는 술을 깨면서 다시 술을 먹는 음식이다. 식사로 나오는 먹물밥도 맛이 있다.

주방을 담당하는 사모님 정순점 씨는 "낙지는 작은 놈이 부드러워 맛이 있다. 귀한 손님에게 맛있는 낙지를 드릴 때 조그만 놈을 준다고 뭐라고 하지 말라" 고 당부한다.

가을 참게탕

참게는 바다에 가까운 하천 유역에 많다. 참게는 논두렁에 구멍을 파고 산다. 가을에 살던 곳을 떠나 바다로 내려간 뒤 이듬해에 알을 낳고, 알에서 부화해 다시 민물로 올라와 자란다. 민물과 바닷물을 왔다 갔다 하는 녀석들이다.

기장군에서 발 넓기로 둘째가라면 서러워하는 강주훈 씨가 '산장' 의 주인. 5녀 1남의 막내로 태어나기 전에 어머니가 점을 보러 갔다 "하루에도 숟가락 몇백 개 놓을 아들을 낳겠다" 는 얘기를 들었다. 당시에는 무슨 말인가 했는데 지금 음식점을 하고 있으니 그 말이 들어맞은 셈이다.

산속에 자리한 '산장'의 풍경

어떻게 참게탕을 시작하게 됐는지 궁금했는데 집안 내력이 나온다. "미식가였던 할아버지가 게를 좋아해 집에 게장과 게탕이 떨어지는 날이 없었다."

지금은 사라졌지만 예전에 좌천 앞 도랑에는 참게가 많이 살았다. 강씨의 할아버지는 참게 발톱의 살까지 싹싹 발라 드셨고, 강씨의 아버지 친구들도 집에만 오면 "게장 내놔라!" 고 했다.

참게탕을 하기 위해서는 녀석들을 영하 60도로 급속 냉동시킨 뒤 6마리 정도를 쇠절구에 넣고 한참 동안 빻아야 한다. 다음 순서로는 체에다 먹기 불편한 껍데기를 거르는 작업. 손이 많이 가지만 이런 방식으로 해야 맛이 난다. 미리 참게를 빻아놓으면 변색되어 못 쓴다.

가스 불 위에서는 야채, 호박, 무, 새우 등이 들어간 탕이 오늘의 주인공 참게가 어서 들어오기만 기다리고 있다. 참게가 게걸음으로 느릿느릿 탕에 풍덩 빠지자 그제야 참게탕이 되었다. 냄새가 향긋하다.

'산장' 은 산속에 들어 있다. 탁 트인 창으로 산이 머리를 들이밀고 있어 이보다 좋은 산수화가 따로 없을 것 같다. 밥상 위에는 보기 드문 갖가지 맛난 반찬들이 올라왔다. 가자미식혜, 향채, 부추, 매망구(야생마늘), 참가죽나물 무침 등 미식가 집안의 식단답게 처음 보는 음식도 여럿 올랐다.

참게탕이 나왔다. 참게 살과 잔잔한 뼈 껍데기가 섞여 입안에서 오도독거린다. 참게는 100% 자연산이다.

산장
참게탕 4만 5천 원, 쏘가리 매운탕 8만 원(소), 빠가사리탕 4만 5천 원. 영업시간 오전 11시~오후 9시. 부산 기장군 장안읍 장안리 609. 장안사 절 뒤편으로 150m. 051-727-7788.

암놈 · 수놈 구별은 어떻게

참게 암놈과 수놈, 어느 게 맛이 있을까? 육류나 어류를 막론하고 대부분 암놈이 맛이 있는데 참게도 마찬가지다. 암놈과 수놈 참게는 어떻게 분간할 수 있을까? 일단 참게를 붙잡고 뒤집어 까야 한다.

배 부위가 나오는데 뭐라고 할까, 모양이 거시기처럼 된 게가 수놈이다. 암놈은 둥그스름한 게 조개 모양 같다. 크기도 수놈이 크며 수놈의 집게발은 특히 우악스럽게 생겼다. 암놈은 크기는 작지만 속이 꽉 차서 맛이 좋다.

참게는 언제가 가장 맛이 있을까? 가을이다. 속이 꽉 차 '가을 참게는 황소가 밟아도 안 부서진다' 는 이야기까지 있다. 옛날 선비들은 집안에 게 그림 하나씩은 가지고 있었다. 벼슬이 좀 올라가면 게 그림을 그려서 주고받았다. 벼슬이 올라갈수록 옆으로 조심해 걸으며, 가끔 숨기도 하며, 적당히 자신을 보호하라는 의미라고 한다. 미국 뉴욕 크리스티 경매에서 127만 2천 달러(약 12억 원)에 팔린 조선백자 '달항아리' 는 참게장을 담가 먹는 데 사용한 것이다. 참게장을 담가놨으니 우리 집에 놀러오라는 의미다.

참게 암놈(위)과 수놈

겨울 복어

겨울철 맛의 최고 자리를 두고 복어를 꼽는 사람들이 많다. 복요리의 진수는 종잇장처럼 얇게 썬 회다. 흰 접시에 복어회를 펼치면 마치 아무것도 없는 빈 접시처럼 보인다. 복어회 밑으로 접시의 무늬가 비쳐 보인다. 그래서 복어회는 아무나 못 한다고 한다. 또 가격 때문에 아무나 먹는 회가 아니라고 알려져 왔다.

'그 맛, 목숨과도 바꿀만한 가치가 있다.' 송나라 시인 소동파가 복어의 맛을 이렇게 찬미했다. 통계로 따지면 우리나라 사람들이 세상에서 복어를 가장 좋아한다. 우리나라 국민들의 1인당 연간 복어 소비량은 생선 좋아하기로 이름난 일본의 1.5배에 달한다.

부산에 이름난 복국집들이 많지만 찾아가보면 그야말로 허명뿐인 경우도 많다. '생선회 박사' 로 알려진 부경대 조영제 교수가 귀빈이 오면 꼭 모시고 가는 복국집이 있다고 했다.

남구 용호동 오륙도횟집은 주택가에 자리를 잡아 처음 찾아가기가 쉽지 않아 보였다. 이런 곳에서 장사를 하려면 오로지 맛으로 진검승부할 수밖에 없다.

김동술 대표는 30여 년간 복국집을 운영하고 있다. 30년간 복어를 다뤄왔으면 눈 감고도 복어를 만지지 않을까? 천만의 말씀이다. 단골손님 가운데도 김 대표가 인사를 잘 안 한다고 불평하는 사람들이 있다. 오해 마시라. 복어는 알이 조금만 들어가도 사람에게 치명적일 수 있다. 따라서 복어를 다룰 때에는 신경을 많이 써야 한다.

이윽고 기다리던 복국이 나왔다. 우묵한 그릇은 이 집만의 특징이다. 복국의 싱싱한 미나리가 원기를 돋운다. 복어의 살은 눈같이 희고 보드랍다. 말간 국물이 시원하다 개운한 뒷맛이 난다. 뜨끈한 국물이 목으로 내려가며 "그래 어제 술 마시길 잘했어"라고 이야기해 주었다.

이날 맛본 복어는 밀복. 복어 중에는 자주복(참복)이 가장 맛이 있다. 하지만 11월 초부터 3월까지는 자연산 밀복의 맛이 좋을 때라 참복의 맛에 뒤지지 않는다. 살아 있는 활복의 고기는 연하고 국물이 말갛게 나온다. 수입복은 많이 딱딱하다.

복국은 다이어트를 하려는 여성들에게도 복음이다. 복국 국물에다 밥을 약간만 먹는 식으로 하면 한 달에 4~5kg은 그냥 빠진다. 이 집에서는 생선회도 100% 자연산만을 취급한다. 회를 시킬 때 가늘게 썰기, 길게 썰기, 평썰기 등 써는 방법을 골라 주문할 수 있다.

오륙도횟집

밀복 2만 5천 원, 참복 3만 원, 각종 회 2~3인분 7만 원. 영업시간 오전 11시~오후 10시. 부산 남구 용호1동 370의 21. 용호동 사거리에서 부산은행 뒤편. 051-621-8054.

겨울 갈미조개

12월부터 2월까지 겨울이 되면 갈미조개의 맛이 일품이다. 그 속살이 갈매기의 부리를 닮았다고 해서 이름이 갈미조개로 붙었다. '새조개'가 정식 명칭이고 방언으로 '갈매기조개', '오리조개' 등으로 불린다. 육질이 새고기 맛과 비슷해서 붙여진 이름이라는 이야기도 있다. 갈미조개는 주둥이 부분이 검을수록 좋고 살이 두터워야 제맛을 낸다.

낙동강 하구에 위치한 부산 강서구 명지동 동리어촌계를 찾아가 이야기를 들었다. 이곳 어민들은 보통 부부가 2인 1조가 되어서 작은 형망어선을 타고 한겨울 바다로 나가 작업한다. 부부가 하루 종일 같이 있으니 좋겠다고 하면 참 모르시는 이야기이다.

겨울철 갈미조개잡이는 생계를 건 투쟁이다. 할아버지 때부터 조개잡이를 해왔다는 최복두 동리어촌계장은 "한 번은 겨울 바다에 빠졌는데 그래도 작업을 계속 하다 보니 턱밑에 고드름이 주렁주렁 달렸더라"며 옛날이야기를 털어놓는다. 작업을 하다 남편이 물에 빠져 정신을 잃자 아내가 옷을 벗고 체온으로 감싸줘서 살아났다는 이야기도 전해진다. 인부를 구하지 못해 하루 종일 한시도 떨어질 수 없는 이들 조개잡이 부부는 때로는 서로가 원수 같고 때로는 생명의 은인이다. 참 징한 운명이다.

그렇게 건져낸 조개는 어민들에게 생명이다. 어민들은 바닷속에서 캐 올린 조개에다 집에서 가져간 솜이불을 덮어놓는다. 물속보다 훨씬 추운 물 밖에서 혹시 조개들이 얼어 죽지 않을까 하는 걱정 때문이다.

민물과 바닷물이 겹쳐진 낙동강 하구 일대에서 생산된 갈미조개는 육질이 부드럽고 달착지근하며 담백하다고 이름이 났다. 일본인들은 갈미조개 살을 초밥에 얹어 먹기를 좋아한다. 이 때문에 그동안 거의 일본에 수출해오다 몇 년 전부터 내수로 판매처를 돌리며 국내에서도 갈미조개를 맛볼 수 있게 되었다. 지금도 70% 이상은 일본으로 수출하고 있다.

갈미조개는 서울 가락동농수산물시장에서는 '명지살' 이라고 불린다. 명지에 가면 그날 잡은 신선한 갈미조개를 바로 먹을 수 있다.

갈미조개는 선착장 부근의 작업장에서 하루 동안 숨을 죽이고 해금을 한 뒤 유통된다.

명지 선착장 인근에는 어민들이 직접 부선(艀船) 위에서 영업하는 음식점과 명지 선창회타운의 식당을 비롯해 갈미조개 전문 음식점이 10여 곳을 헤아린다.

이중 선창횟집은 갈미조개를 재료로 구이부터 수육, 샤부샤부까지 다양한 메뉴를 선보이고 있다. 이글거리는 불 위에서 조개는 뜨겁다는 비명을 지르며 익어갔다. 구워진 조개에서는 바다 냄새가 난다.

전골은 미나리, 팽이버섯, 당근, 파, 양파, 마늘, 고추, 고추장을 넣고 얼큰하게 우려냈다. 해장하러 갔는데 술안주로 더 좋았다. 갈미조개는 말려서 일식집이나 고급 술집 안주로도 사용된다. 창밖으로 갈매기들이 몰려든다. 방 안에 있는 친구들을 맞이하러 온 모양이다.

갈미조개는 르노삼성자동차 방면으로 가다 보면 왼편에 위치한 명지 선창회타운에 10여 곳, 그 위쪽 선착장 부근에서 부선으로 영업하는 2곳의 음식점에서 맛볼 수 있다.

선창횟집
수육 · 구이 각각 3만~5만 원. 영업시간 오전 10시~오후 10시. 부산 강서구 명지동 1532의 14. 051-271-2205.

겨울 가덕대구

꼭 한 번 먹고 싶었다. 입을 쩍 벌리고 펄떡거리는 그 싱싱한 놈들. 씹어보고 싶었다. 임금님 진상품이라는 '가덕대구'의 육질.

가덕도가 바라보이는 경남 창원시 진해구 용원동 일대에 들어서자 입구부터 대구 냄새가 몰려온다. 집집마다 대구를 내걸어 말리고 있다. 가덕대구의 고향답다. 수년 전부터 대구 인공 수정란 방류 사업을 펼친 덕분에 귀한 가덕대구가 제법 많이 잡히고 있다. 덕분에 임금님만 드시던 가덕대구를 일반인들도 쉽게 먹을 수 있게 되었다.

입이 크다고 해서 붙여진 이름인 '대구(大口)'. 대구면 다 대구지, 별스럽게 가덕대구라고 부르냐고? 모르는 말씀이다. 포항 사람들이 들으면 섭섭하겠지만 이곳에서는 "포항대구 10마리하고도 가덕대구 1마리를 바꾸지 않는다"고 할 정도로 자부심을 가지고 있다.

대구는 멀리 북태평양에서 사할린, 포항 앞바다를 거치는 긴 항해를 하고 왔다. 어민들에 따르면 포항 근해를 지나며 맛이 들기 시작해 가덕도까지 와야 비로소 제맛이 난다고 한다. 산란이 끝나고 북태평양으로 돌아가는 대구는 기름기가 빠져 맛이 떨어진다. 12월에서 2월까지 산란을 위해 가덕도 부근을 찾을 때가 대구의 맛이 가장 좋다.

의창수협으로부터 용원의 횟집 가운데 형님격인 '등대횟집' 을 소개받았다. 불과 수년 전부터 먹기 시작했다는 대구회를 먹을 수 있는 곳은 용원동에서도 의외로 많지 않다. 대구회는 정소가 나오는 수놈만 먹는다.

등대횟집 오세영 사장이 3kg짜리 중간치 수놈을 잡는 시범을 보여주었다. 녀석은 갑자기 허공으로 나오니 특유의 큰 입을 벌리고 숨을 가쁘게 몰아쉰다. 살아보겠다고 발버둥을 쳐보지만 녀석이 떨어진 곳은 콘크리트 시장 바닥. 바닥에 우윳빛의 정소가 깔린다. 제대로 씨를 뿌리지 못한 회한에서인지 녀석은 시뻘건 아가미를 벌름벌름거린다.

가덕대구 회의 맛은 즉사시키는 데서 나온다. 뱃살과 중간 살로 회를 뜬다. 대구회는 20분 정도 숙성시켜야 제맛이 나온다. 가덕대구가 지금보다 훨씬 귀할 때는 암놈을 알아줬다. 암놈으로 삶고, 찌고, 젓갈을 담갔다. 그러나 회나 탕이 개발되면서 수놈을 더 쳐주고 있다. 수놈은 '이리대구' , 암놈은 '곤이대구' 라 불린다.

대구회는 굵게 써는 게 특징이다. 일반 회처럼 얇게 촘촘하게 썰면 맛이 나지 않는다. 상에 올라온 대구회의 빛깔이 참 곱다. 대구회에서 무지개 빛깔이 난다고 말한다. 대구회 한 점을 입에 넣었다. 시원하고 담백한 맛이 난다. 등대횟집에서 자체 개발했다는 소스에 대구회를 찍으니 새콤달콤한 맛이 났다. 상에 오른 대구의 왜(간)는 상어간과 비슷한 맛이다. 겨울 한철에 가덕대구 3마리만 먹으면 감기도 걸리지 않는다고 한다.

이윽고 대구탕이 큰 냄비에 들어온다. 무를 넣고 팔팔 끓인 뒤 대구와 정소를 넣고 다시 끓인 것이다. 진짜 대구탕은 이런 맛이다. 용원에서는 등대횟집 외에 김해횟집, 충무횟집 등 3~4곳에서 대구회를 맛볼 수 있다.

등대횟집

회와 대구탕을 먹는 데 4인 기준 15만 원. 대구탕만 먹으면 2만 원. 영업시간 오전 9시 30분~오후 9시 30분. 경남 창원시 진해구 용원동 1138의 2. 055-552-0368.

부산의 지역별 맛집

부산진 · 동래 · 연제 · 금정구

정림

한식 세계화를 소리 높여 외치지만 정작 제대로 된 한식을 먹을 만한 곳은 드물다. 귀한 손님이나 외국인에게 한식을 대접하고 싶다면 부산에서는 약선 음식 전문점 '정림' 을 일 순위로 꼽는다.

약선(藥膳)이란 병을 예방하고 치료를 돕기 위하여 먹는 음식을 말한다. 어렵기만 하지 정작 먹어보면 더부룩한 약선 음식점도 있다.

정림의 대표이자 약선 요리 연구가 정영숙 씨의 가치는 밖에서 먼저 알아봤다. 2005년 대만에서 열린 세계 약선 요리 건강토론회에서 '대사부' 의 호칭을 받은 것이다. 2011년 대만 가오슝 원조사에서 열린 중한미식문화교류전에 참가한 그는 대만인들로부터 '현대판 대장금' 이라는 최고의 찬사를 받았다.

정 대표는 들풀을 닮았다. 들풀은 가냘파 보이지만 그렇게 질긴 생명력을 가진 것도 없다. 그는 곤달비, 당귀, 웅개, 달맞이꽃, 뽕잎 같은 산과 들에서 캐낸 온갖 약초들을 숙성시켜 양념을 만든다. 설탕은 거의 안 쓰고 오곡을 고아 만든 조청으로 단맛을 낸다. 신맛은 감, 매실, 살구로 만든 자연식초로 낸다.

조, 콩, 잣, 대추, 버섯, 인삼을 올린 돌솥밥이 보기만 해도 먹음직하다. 장아찌 종류만 해도 30여 종이 있단다. 버섯을 밀가루 옷에 입혀 튀겨낸 후 탕수소스에 버무려낸 버섯탕수육은 질기지 않으면서 탱글탱글하다.

하고 보니 반찬 소개가 다 겉치레 같다. 실은 이 집 된장만 가지고도 밥 두 그릇은 거뜬하기 때문이다. 약선이 무엇이냐고 물었다. 정 대표는 "음식은 마음이다. 정성이 들어가면 약선이고, 밥상이 약상이 돼야 한다. 매일 먹어도 물리지 않는 밥이 최고의 약선이다"고 말한다. 정림은 한식 세계화 및 현대화에도 앞장서고 있다. 일본의 기차역에서 판매되는 에키벤과 같은 명품 도시락으로 신세계백화점 센텀시티점에 이어 부산역사 상가에도 입점해 주목을 끌고 있다.

 정림

정식 코스 메뉴 1만 7천 원, 2만 5천 원, 3만 5천 원. 영업시간 낮 12시~오후 10시. 부산 동래구 수안동 460의 3. 동래시장 수안파출소 옆. 051-552-1211.

요시노스시

갑자기 빨건 참치 살이 눈앞에 나타나 잡으려니까 사라졌다. 다음에는 뽀얀 고래고기…. 먹는데 환장하면 꿈에서도 나타난다더니 아주 생고생을 했다.

그 전날 이야기이다. 서면 뒷골목을 걷다 옛 포토피아 옆의 '요시노스시' 에 들어갔다. 며칠 새 두 번째 걸음. 처음에는 특색도 없이 배짱장사를 한다고 생각했다. 다시 보니 예쁘면서도 특이한 그릇이 이제야 눈에 들어온다.

오너 셰프 김영길 씨가 기물도 같이 감상해달라고 당부한다. 이 양반, 서면 '동원참치회' 의 김 실장이었다. 부산에서 요리를 좀 한다는 사람들의 모임인 '일본요리발전연구회' 회원 중 참치회 전문가로 첫 손에 꼽는 이다. 사고 싶은 식자재로, 하고 싶은 요리를 하려고 칼 한 자루 차고 강호로 나왔단다.

어떤 요리가 자신 있느냐고 물었다. '오마카세(おまかせ・맡김) 요리' 란다. 그는 "물 좋은 학꽁치가 들어왔고, 요즘 송이가 철이다" 는 말만 남긴 채 문을 닫고 나갔다. 오늘 하루를 그에게 맡겼다.

해삼 내장으로 만든 일본식 젓갈 '고노와다'는 술을 부른다. 고래고기는 무슨 고래이기에 속살이 아이스크림처럼 뽀얀 색일까. 주둥이를 하늘로 뾰족하게 치켜세운 학꽁치는 은빛 나는 속살을 자랑한다.

고등어 초회는 입안에서 그냥 살살 녹는다. 오독오독하게 씹히는 참치 뱃살에 입꼬리가 귀에 걸렸다. 군더더기 없는 칼 솜씨다. 이 식감을 어떻게 말로 표현할까. 난 못 해. 나는 못 해.

창작초밥 코스요리로 나온 걸 하나 입에 넣었다. 입에서 불이 난다. 쓰촨 고추를 볶아서 만든 소스를 넣은 녀석이란다. 실험정신이 펄떡이는 집이다. 김 대표는 이곳에 문을 열며 300을 치던 당구마저 끊었다. 가게 안의 화장실이 어째 시원하다고 했다. 화장실에까지 에어컨을 설치해놓았다.

가격이 너무 비싸지 않느냐고 물었다. 그는 "고생하신 부모님에게 생신날 제대로 한 번 대접하는 게 사치는 아니지 않느냐. 여기는 밥을 먹으러 오는 집은 아니다"라고 대답한다. 손님들이 음식을 안 남기게 하고 싶단다. 비빔밥 곱빼기 정도의 포만감을 목표로 한다. 버려지는 음식이 거의 없다.

사람들은 그가 아직도 꿈을 못 깨었다고 나무란다. 모르겠다. 맛있는 음식은 사람을 웃게 만든다고 했는데 이날 참 많이 웃었다.

요시노스시

코스요리 1인분 6만 원부터. 점심특선 초밥정식 2만 원부터. 영업시간 오전 11시 30분~오후 11시. 매주 일요일에는 쉰다. 부산 부산진구 부전동 525의 2. 051-808-7774.

금정산

부산의 명산인 금정산과 이름이 같은 음식점 '금정산'을 이야기 하자면 이곳의 주미 대표 이야기를 먼저 해야 할 것 같다.

주씨는 대학에서 미술을 전공했다. 하지만 대학 다닐 때도 주씨의 관심은 오로지 요리뿐. 심지어 대학 졸업하는 날에도 빠지지 않고 요리학원에 갔더니 원장 선생님이 "너처럼 재미없는 애는 처음 보았다"며 혀를 내둘렀다고 한다. 그 결과 주씨는 지금 한식, 일식, 중식은 물론 복어 조리 자격증까지 모두 가지고 있게 되었다. '금정산' 3층 건물의 1, 2층에도 주방이 있는데도 불구하고 3층을 그만의 음식 작업실로 독점 사용하고 있었다.

주씨는 한창 메밀새싹에 몰두해 있다. 메밀새싹은 혈당과 혈압을 낮추고 지방을 감소시키는 등 놀라운 효능이 속속 입증되고 있다. 메뉴에서 메밀의 비중을 높이고 있는 중이다. '금정산'은 회·보쌈 전문점이면서 메밀국수로도 이름이 알려졌다. 주씨가 메밀에 몰

두하게 된 데는 의사이자 미식가인 남편의 조언이 많이 작용했다. 식단을 짜는 데도 두 사람은 곧잘 머리를 맞댄다. 현직 의사가 식단을 짜는 데 개입하는 식당. 처음부터 끝까지 건강을 생각한 음식들이다. 주요리가 나오기 전에 양배추샐러드, 청포묵, 카레소스에 버무린 닭가슴살이 먼저 상에 올랐다. 모양도 예쁘지만 하나하나가 건강과 미용을 생각한 음식들이다. '금정산' 음식의 특징이라면 보쌈과 회가 함께 나온다는 점이다. 육상과 해상의 재료들이 한데 어울리며 독특한 맛의 잔치가 벌어진다. 주 대표는 맛에 대해 까다롭다. 김치도 매일 담그고, 부침개를 담는 철판까지 온도를 딱 맞춰서 먹어야 한다. 주 씨는 "밥을 같이 먹는다는 일은 굉장히 중요하다. 밥은 같이 먹으며 서로에게 길들여지는 과정이다. 그래서 우리는 직원도 술, 담배를 안 하는 사람들로 뽑는다"고 이야기한다. 메밀국수를 시키면 메밀싹 샐러드가 곁들여서 나온다. 메밀 차에서는 놀랍게도 향긋한 인삼의 맛이 난다.

금정산
보쌈 1인 1만 5천 원, 회보쌈 2만 원, 스페셜보쌈 3만 원. 영업시간 오전 11시~오후 10시. 부산 동래구 온천1동 150의 15. 온천장 허심청 후문 앞. 051-556-9911.

조군황군

예전에는 가정방문이 있었다. 선생님이 오신다니 없는 형편에 뭘 대접할까 고민이었다. 선생님은 선생님대로 하루에 커피를 억수로 먹느라 고역을 치렀다. 그 시절 이야기이다.

경남 거제가 고향인 조 군의 집에 선생님이 가정방문을 오셨다. 조 군의 아버지는 장에 갖다 팔려던 문어, 오징어, 조개, 오리 알을 보이는 대로 다 솥단지에 넣고는 푹 삶았다. 마실을 다녀온 멍멍이는 가슴을 쓸어내렸다.

선생님과 아버지는 이날 술을 거나하게 걸쳤다. "아드님이 공부를 잘하니 인문계 보내소." "형편이 안 되니 실업계 보낼랍니다." "머리 좋은 아들인데 인문계 보내세요." 옥신각신 하다 "니 아들이가, 와 그라노"라며 하마터면 멱살잡이가 일어날 뻔했단다.

조 군이 인문계를 갔는지 실업계를 갔는지는 모르겠다. 하여튼 조 군은 '조군황군'의 조정렬 대표가 되었다. '조군황군'은 조개와 고기라는 의미이기도 하다.

돌문어조개찜(왕 다라이 조개찜)을 시켰다. 오래전 조 군의 선생님이 대접을 받았던 그 음식이다. 그 시절 조 군의 몸통만 해 보이는 솥단지가 나왔다.

솥뚜껑을 열자 이날 모였던 일행 네 명이 일시에 "와~" 하며 입이 쭉 찢어졌다. 모락모락 피어오르는 하얀 김 사이로 문어, 오징어, 조개, 새우, 달걀이 자태를 드러낸다.

"이걸 지금 다 먹으라는 거예요?" 이 정도면 동네 사람들을 불러 잔치를 해야 한다. 고소한 맛의 문어 대가리는 남자에게 특히 좋단다. 지금까지 먹어본 문어 중 최고라는 찬사가 나왔다. 자연산이라 커도 질기지 않다. 동해 바다가 텅텅 비어버리지 않을까 걱정이 된다. 그 시절의 오리 알 대신 나온 달걀이 따끈따끈하다. 사람들 사이의 정이 이랬으면 좋겠다.

'조군황군' 은 해산물과 고기를 같이 먹을 수 있어서 좋다. 조군황군 스페셜(3만 5천 원)은 1등급 생고기 삼겹살과 목살, 싱싱한 조개 모둠이 나온다. 가리비가 뜨겁다고 가쁜 숨을 훅훅 몰아쉰다. 신선해서 좋다. 떡조개는 졸깃하기가 진짜 떡 같다. 해물을 나중에 먹으니 개운한 느낌이다. 모두 자연산이라 크기가 들쭉날쭉한 게 단점.

조 대표는 "이 모두가 고향에 계신 아버지 덕분이다. 아버지께서 직접 잡은 해산물을 이틀에 한 번씩 가져오신다. 규모가 커지며 동네 사람들에게 부탁해 공판장에 안 보내고 받아온 것들이다"라고 말한다. 가족이 힘이다.

조군황군 동래점

왕 다라이 조개찜 6만 원, 전복해물라면 5천 원. 영업시간 오후 5시~오전 9시. 부산 동래구 명륜동 553의 12. 051-552-5008.

원옥칼국수

"추어탕칼국수로 유명한 원옥칼국수를 몰랐다고?" 소개해준 분이 더 의아해한다. 1976년 문을 연 이래로 30년 넘게 칼국수를 고수해온 소문난 맛집. 칼국수와 추어탕의 접목, 어떻게 이런 생각을 했을까.

원옥칼국수 건물 근처에만 가도 벌써 구수한 추어탕 냄새가 난다. 배에서는 또 바로 신호가 온다. 가게는 생각보다 넓고 깨끗하다. 추어탕을 싫어하는 사람과 같이 갈 처지라면…. 걱정 마시라. 멸치, 쇠고기, 콩 칼국수는 물론 비빔 · 잔치국수까지 입맛대로 고를 수 있다.

여기까지 왔다면 역시 추어탕칼국수 맛을 보아야 한다. 추어탕을 먹듯이 칼국수 국물에 산초, 고춧가루, 마늘 양념을 집어넣었다. 진한 추어탕 국물이 목구멍으로 넘어가자 속이 바로 싸해진다. 칼국수로 이렇게 강렬한 맛을 낼 수 있다니 놀랍다. 기분 좋은 속 풀림이 금방 느껴진다. 늘 따라나오는 귀여운 '밥 조금' 도 고맙다. 칼국수에 밥까지 곁들여 먹으니 속이 든든하다. 뭐랄까, 이건 보기 드문 보양 칼국수 같다.

'원조' 가 너무 흔한 세상이라 상호를 '원옥(元屋)' 이라 지었단다. 오월선 대표는 "새로운 것을 만들어보려고 연구하다 추어탕칼국수 집을 열었다. 우리 집은 얻어먹어도, 사줘도 서로 부담이 없어서 좋다" 고 말한다. 배부르게, 기분 좋게 먹고 가는 집이다. 추어탕을 좋아하는 분에게는 특히 '강추' .

원옥칼국수

원옥(추어탕) · 쇠고기 칼국수 5천 원, 기본(멸치) 칼국수 4천 원, 영업시간 오전 11시~오후 9시. 부산 금정구 구서1동 420의 53. 금정구청 뒤편 온천천 도로 옆. 051-513-9960.

레인보우스푼

레인보우스푼은 전국 최초로 이주 여성들이 운영하는 다문화 레스토랑이다. 레인보우는 다문화, 숟가락은 음식의 상징이다. 몽골, 베트남, 필리핀, 인도네시아 등 각국 출신 13명의 이주 여성이 요리와 서빙을 담당하고 있다.

이들의 자립을 돕고 있는 삼산거주외국인지원협회 김서경 이사는 "밥 한 끼 같이 먹으면 친해진다. 레인보우스푼은 이주 여성들의 일자리를 만들고 한국 사람들에게 이주 여성들의 자국 문화를 알리는 계기가 되고 있다" 고 말한다.

풍부한 해산물과 숙주 야채를 곁들였다는 베트남식 볶음면 '퍼싸

오'는 맛있다. 스파게티 종류도 먹어보니 다 괜찮은 편이다. 의미도 좋지만 음식은 이렇게 맛이 있어야 한다.

수익금 전액은 다문화 가정의 일자리 창출에 사용된다. 레인보우스푼에서 맛있는 식사를 하는 것만으로도 다문화가정에 큰 도움을 주고 문화적 화합에 기여하는 일이다.

베트남 출신 막티힌 씨는 직접 음식점을 해보겠다는 야무진 꿈을 가지고 있었다. 그는 "음식점으로 돈을 벌어 한국의 소외계층을 도와주고 싶다. 도움을 받았으니 이제는 우리가 도와줄 때도 되지 않았나"라고 당차게 말했다. 이곳에서 먹고 나니 기분이 참 좋아진다.

레인보우스푼

나시고랭(인도네시아 새우볶음밥) 8천500원, 몽골리안 비프 9천 원, 스파게티가 9천~1만 5백 원, 커피 4천~6천 원. 영업시간 오전 11시~오후 9시. 마지막 주 일요일 휴무. 부산 부산진구 부전동 389의 25 부산글로벌빌리지 내 잉글리쉬카페. 051-980-8667.

The비빔채

비빔밥에 와인을 곁들이는 레스토랑을 해야겠다는 생각이 벼락같이 머리를 스쳤단다. 버락 오바마 미국 대통령이 한국에 와서 비빔밥과 캘리포니아 와인을 즐겼다는 뉴스를 들었을 때였다.

퓨전비빔밥 카페인 'The비빔채'. 밖에서 신기한 듯 기웃거리는 사람들이 많다. 한식을 먹고 싶은데 한정식집에 가기에는 주머니 사정이 너무 가볍고, 빽적지근한 술자리는 싫지만 간단하게 한잔은 마시고 싶고, 카페 같은 분위기에서 한식도 먹고 술도 한잔하기를 원하는 분이라면 이곳이 안성맞춤이다.

메뉴판을 보다 어떻게 이렇게 찰떡같이 메뉴를 붙였는지 존경스럽다. 막걸리 한 잔과 비빔밥이 '화이트세트'(1만 원), 아사히 생맥주 한 잔과 비빔밥이 '브라운세트'(1만 1천500원), 레드와인과 비빔밥은 '레드세트'(1만 2천 원), 기네스 생맥주와 비빔밥은 '블랙세트'(1만 2천500원), 버니니(스파클링 와인)와 비빔밥은 '옐로우세트'(1만 3천500원)이다.

비빔밥과 스파이스 시푸드찜, 그리고 와인 한 잔을 시켰다. 비빔밥과 와인의 궁합은 '판타스틱'이라는 감탄사가 저절로 나온다. 비빔밥에는 12가지 천연재료로 끓인 된장 육수가 들어갔다. 해물이 통째로 다량 투하된 스파이스 시푸드찜은 먹을 만하다. 안주로도 그만이다. 젊은 여성들이 좋아할 만한 곳, 외국인 친구들과 함께 한식을 먹으러 오기에 좋은 곳이다. 전통의 비빔밥도 변신을 해야 한다는 생각이 들었다.

고봉선 대표는 "비빔채는 비빔밥과 사랑채의 합성어이다. 고유 음식인 비빔밥으로 건강한 한 끼를 대접하는 사랑채로 자리매김하고자 한다" 고 말한다. 젊은 감각에 높은 점수를 준다.

The비빔채

비빔밥 4천500~5천500원, 하우스와인 7천 원. 영업시간은 오전 10시 30분~오후 10시 30분(주말은 11시까지). 셋째 주 일요일에 쉰다. 부산 부산진구 부전동 516의 6. 롯데백화점 서면점 후문 놀이터 쉼터서 50m. 051-805-1151.

부산의 지역별 맛집

해운대·송정

해운마루

영화 〈해운대〉의 촬영지인 미포 끝자락에 위치한 '해운마루' 에 갔다. 일단 전망이 시원하고 파도소리를 바로 들을 수 있어서 좋다. 테라스까지 갖춰 깨끗하게 단장하고 있으니 횟집이 이래도 되나 싶다.

수저는 전부 유기이다. 주인장의 정성이 유기 무게만큼이나 묵직하게 느껴진다. 여기서는 치자 잎을 우려내 노랗게 물들인 밥을 초밥처럼 먹을 수 있게 내놔서 마음에 든다. 회를 싫어하는 아이들도 이렇게 주면 맛있게 먹는다. 빈속에 술만 먹게 될 염려도 없다. 노란 치자밥 위에 회 한 점, 그 위에 삼삼한 김치가 썩 잘 어울린다.

홈페이지(www.haeunmaru.com)에 '자연친화 수족관' 이라고 소개했다. 김수봉 대표는 "바닷고기는 어종별로 적정 온도가 다른데도 우리나라 횟집들은 수족관 한 곳에 고기를 함께 넣어둔다. 스트레스를 받은 고기가 어떻게 되겠나" 라고 말한다.

도미 섭씨 15도, 참가자미 4도, 광어 6~8도라는 식으로 고기를 분류해서 수족관에 넣어두었다. 일본에 수산물을 수출하는 등 수산업에 30여 년간 종사한 노하우를 살렸다.

채소가 싱싱하고 맛이 고소하다. 김 대표의 고향인 남해군 가천리

해운마루

모둠회 소 7만 원, 자연산 활어모둠 소 9만 원. 해운대구 중1동 996의 1. 해운대 한국콘도 삼거리에서 300m 안쪽. 영업시간은 오전 11시~자정. 051-743-4222.

다랭이 마을에서 가져왔다. 횟감은 고향 인근 평산리 마을에서 직접 구매한 자연산을 일주일에 2~3회 가져온다. 기름에 튀겨낸 음식이 하나도 없고, 매운탕은 덜 자극적이며 시원하다. 손님들의 건강을 최우선으로 생각했다.

일하는 분들이 한결같이 표정이 밝고 친절해서 인상적이다. 치자 색깔 같은 깨끗하면서도 따뜻한 느낌을 주는 집이다.

누룽지

해운대 좌동 신시가지의 별로 싸지도 않은 고깃집 '누룽지'를 소개하는 데에는 이유가 있다. 생삼겹, 항정살, 생목살이 골고루 나오는 생돼지모둠(3~4인용 3만 5천 원)은 모두 고기질이 좋아 보인다. 삼겹살을 두고 동행이 "고기 맛이 폭신하다"고 표현한다. 육즙이 적당히 배겨 있다는 말이다. 고깃집에는 무조건 이렇게 고기가 맛이 있어야 한다.

누룽지 홍창훈 대표는 음식점을 하는 어머니 밑에서 1남 5녀의 다섯째로 자랐다. 이들 가운데 둘 빼고는 모두 다 요식업에 종사한다니 집안 분위기가 미치는 영향이 큰 모양이다. 홍 대표가 말하는 맛있는 고기를 내는 비법은 단 한 가지다. 좋은 고기를 가져와 숙성을 잘 시키면 된다. 관리만 잘 하면 고기는 맛이 난다.

고기도 좋지만 딸려나오는 음식은 더 좋다. 깻잎절임은 새콤해서 자꾸 손이 가고, 게장은 달짝지근해서 밥반찬에 그만이다. 나물 3종류를 넣은 비빔밥은 몸이 좋아한다. 특히나 시뻘건 김치찌개 맛은 예술이다. 김치찌개 전문점을 고려할 만하다.

문 앞에서 받아든 대기번호표를 다시 보니 감동이다. "여러분의 시간은 저희에게는 금입니다." 대기번호표를 내면 5% 할인을 해준다. 홍 대표는 "음식은 기분 좋게 먹어야 하는데 기다리다 보면 누구나 짜증이 나기 마련이다. 기다리는 손님에 대한 사과의 표시다"라고 말한다. 손님 줄 선다고 자랑만 했지 깎아주는 가게가 있다는 이야기는 들어본 적이 없다. 3명이 와서 고기 2인분만 시켜도 별 말이 없다. 손님 생각해주는 마음이 고맙다.

누룽지

생삼겹 1인분에 8천 원. 점심특선 찌개누룽지정식 6천 원. 영업시간 오전 11시 30분~오전 1시. 부산 해운대구 좌2동 1477의 2. 장산역 9번 출구에서 200m. 051-701-2489.

신흥관

아침 출근길 신호등 빨간불 앞에서 어제 맛본 사천자장이 불현듯 떠올랐다. 그 불같은 맛이라니. 사천자장의 빨간 면발에서 아직도 김이 모락모락 올라온다. "아이고, 신선한 해물이 얼마나 많이 들었던지…." 침이 꿀꺽하고 넘어가는 순간 뒤에서 차들이 빵빵거린다. 중독성 강한 맛은 이렇게 위험하다.

해운대 '신흥관'의 사천자장은 과연 명불허전이었다. 새콤, 달콤, 매콤한 3박자를 모두 갖추었다. 자극적이지 않게 달콤한 매운맛이라고나 할까. 원래의 사천자장과는 맛이 약간 달랐지만 부산 사람들 입맛에는 아주 안성맞춤이다. 춘장, 양파, 돼지고기가 트리플악셀로 뛴다. 이 집 간자장을 극찬하는 손님들도 많다.

일행이 둘 이상이라면 탕수육 맛을 보라고 권하고 싶다. 달착지근

신흥관

사천자장 6천 원, 탕수육 중 1만 8천 원. 영업시간 오전 11시~오후 9시. 매주 월요일에는 쉰다. 부산 해운대구 중1동 1394. 해운대시장 앞 농협 옆. 051-746-0062.

한 소스에 졸깃한 고기가 반신욕을 하고 있다. '소스탕' 에서 나온 고기는 탱탱하다. 냉동에서는 절대 이런 맛이 안 나온다. 바삭한 느낌이 참 좋다. 해운대 구청 등록 1호 음식점인 신흥관. 지난 1954년부터 지금껏 한자리를 지켜왔다.

자장면은 이렇게 세월의 무게가 느껴지는 곳에서 먹어야 더 맛이 있다. 탕수육에 고량주를 드시는 어르신들의 모습이 잘 어울리는 집이다. 부산국제영화제 기간이면 유명 영화인들로 넘쳐난다. 가게 모습을 담은 오래된 흑백 사진 속의 다섯 살 꼬마가 화교 출신 윤영호 대표이다. 주방에서 나온 그에게 맛의 비결을 물었다. "모든 걸 즉석에서 만든다. 아무리 많이 팔려도 즉석에서 하나하나 만든다" 고 강조한다. 비결은 간단했다.

윤 대표는 중국 산둥 성 옌타이시 출신의 선친 윤무림 씨로부터 이어받은 '무림의 비전' 을 오늘도 이어간다. 중국 영화배우 홍금보의 사인과 사진이 걸려 있다. 홍금보는 이 집 간자장을 좋아해 몇 번이나 다녀갔단다.

점례네

'점례네' 라는 해운대 고깃집 이름을 들은 지 꽤 되었다. 한 번 들으니 까먹지도 않는다. 알고 보니 김형훈 대표의 어머니가 서점례 씨이다. 어머니의 이름을 걸고 하는 음식점. '불친절하면 점례를 불러 꾸짖어달라' 고 크게 써 붙여놓았다.

배추김치, 무김치, 오이지는 먹을 만큼 덜어 먹게 한다. 음식을 안

남기면 500원을 내어준다니 열심히 먹어야겠다. 만만찮은 가격이라는 소문은 익히 들었다.

명물로 자리 잡은 간장게장이 입맛을 돋운다. 간장게장은 서벗처럼 아삭거린다. 시원함과 고소함이 입안에 퍼진다. 큼직한 계란말이는 옛날 추억을 떠올리게 만들었다.

오늘의 주인공, 고운 자태로 등장. 소문대로다. 살짝 불을 쬐어 부드러워진 안창살이 입안에서 구르다 녹아내린다. 이 느낌이다. 고기는 양이 아니라 질이다.

식사로는 육회비빔밥이 이름이 났다. 색깔 좋은 육회비빔밥을 김에 싸먹으니 더 맛있다. 꽃게된장에는 빨간 꽃게 한 마리가 통째로 들어갔다. 육회비빔밥과 꽃게된장은 썩 잘 어울리는 땅과 바다의 커플이다.

한우 고기는 전북의 무진장(무주 · 진안 · 장수)에서 투플러스 등급으로만 가져온다. 지육(枝肉) 상태로 통으로 쓰다 보니 속을 염려가 없다.

등급의 고기를 구하지 못하면 고기 대신 밥만 파는 뚝심도 보인다. 꽃게는 진도산으로 일 년치를 감천의 냉동창고에 보관시키고 있다. 배추는 해남에서 가져와 기장의 공장에서 직접 김치로 담근단다.

이날 김 대표에게 비싸다는 평가에 대해 어떻게 생각하는지 물었다. 김 대표는 "조금 더 비싸더라도 재료를 최우선으로 생각한다"라고 대답했다. 음식은 80% 이상을 재료가 좌우한다.

점례네

꽃등심 130g 2만 8천 원, 모둠 500g 10만 원, 육회비빔밥 1만 원, 왕꽃게된장찌개 1만 원. 휴무 없이 24시간 영업. 도시철도 장산역 인근 하이마트 옆. 051-742-1588.

밈

쌀은 20년 넘게 농약을 안 친 전북 김제의 '순자 언니네' 서 가져온다. 나물은 '한살림' 에서 보내오고, 고추장은 어머니가 담근 것을 받는다. 밀가루는 우리밀운동본부, 닭고기와 계란은 항생제를 먹이지 않고 키우는 경남 합천 '꿈꾸는 달걀' 에서 가지고 온다. 가능한 한 모든 식재료는 유기농을 쓴다. 식재료의 모든 출처를 홈페이지(www.mimeme.co.kr)에 밝히고 시작하는 정직한 레스토랑이 있다.

송정의 '밈' 에 들어서는 순간 감탄사가 나왔다. 바다를 품었다고 할까. 아니, 한쪽 벽면이 바다라는 표현이 더 어울릴 것 같다. 바다 위를 달리는 요트나 하늘을 나는 연이 손에 잡힐 것만 같

다. 실내는 자기 집처럼 편안하다. 4월이 되면 지금은 비워둔 1층에 테라스와 정원을 갖춘 카페테리아를 볼 수 있게 된단다.

김정희 대표의 이력을 들으니 '밈'이 이해가 된다. 김 대표는 가톨릭농민회 활동을 열심히 했던 오디오 전문가(그의 표현에 따르면 '전축 장사')다. 오랜 서울 객지 생활이 징그러워 보따리를 싸서 고향으로 내려왔단다. "서울에서는 하루가 13시간인 것 같았다." 이게 무슨 말인지 아는 사람은 안다.

그는 자신이 먹고 싶은, 먹으면 착해지는 음식을 만들고 싶단다. 주방에까지 별도의 스피커를 설치해놓았다. 주방은 예민한 곳이고, 손끝이 평안해야 한다는 생각에서다.

찰보리를 넣은 매생이 수프, 옅은 된장향의 쑥 수프에서는 추억의 맛이 났다. 아침에 구운 빵에다 직접 만들었다는 복분자잼을 올렸다. 빵은 부드럽고, 잼은 달지 않아서 좋다. 유기농

식초와 효소가 들어 새콤한 샐러드는 입맛을 톡톡 자극한다. 에라 모르겠다. 남은 소스를 홀라당 마셔버렸다.

스테이크와 농어구이도 좋다. 멍게와 나물을 얹은 알밥, 멍게젓갈과 생선 알을 올린 비빔밥은 손대기 아까운 예술 작품이었다. 조화로운 맛에 한 번 더 감탄사가 나왔다. 음식들이 하나같이 입맛을 당겨 흐뭇한 미소가 번진다. 이날 동행한 미식가는 이 집의 간이 좋단다.

'밈' 의 미덕이 한 가지 더 있다. 냅킨 홀더 같은 소품들을 바다에서 주워온 조개껍데기 같은 것으로 센스 있게 활용했다. 늘 연출을 바꾸겠단다. 유기농 재료로 만든 음식을 먹고 나니 속이 편안하다. 식자재가 원가의 절반 이상을 차지한다니 그래도 되나 모르겠다. 한가해지니 음악소리가 더 좋다.

밈

멍게와 나물을 얹은 알밥, 익힌 야채 쌈밥, 단호박밥 1만 5천 원, 코스요리 2만 8천 원부터. 죽 종류 1만 5천 원대. 영업시간 오전 11시~오후 11시. 매주 월요일에 쉰다. 부산 해운대구 송정동 313의 10 수정빌딩 4층. KT 송정사옥 방향. 051-627-5658.

향유재

"해운대에 이런 곳도 있었네!" 처음 오는 사람들의 반응은 한결같다. 향기가 머무는 집이라는 뜻의 '향유재'이다. 이 옅은 향기를 예민한 예술가들이 먼저 맡았다.

가게 입구에는 전시를 알리는 팸플릿, 내부에는 작품들이 걸려 있다. 그 가운데 '청사포 주모' 라는 스케치 작품을 만났다. 주모,

얼마 만에 불러보는 이름인가. 처음 왔지만 낯이 익은 분위기가 신기하다.

'토속음식전문점' 을 내건 이 집에서 가장 인기 있다는 들깨칼국수와 돌솥비빔밥을 시켰다. 반찬 하나하나가 누가 보기에도 깔끔하다. 재료가 전부 국내산이라니 안심이 된다. 들깨칼국수에는 칼 말고 들깨가 그득하다. 몸에 좋은 보양식 한 그릇을 금세 해치웠다. 평소에 칼국수 좋아하지 않는 분도 드셔보시라고 추천한다. 비 오는 날이라면 더 좋겠다.

돌솥비빔밥도 맛있다. 바닥에 눌어붙은 누룽지가 얼마나 바삭하고 고소한지 모른다. 혹시 실수로, 혹은 재수로 이렇게 맛있게 된 건 아닐까. 아니다. 밥이 되는 시간을 정확하게 맞춘다. '청사포 주모' 그림을 그려준 권용훈 화백을 이곳에서 우연히 만나 향유재 구정희

향유재

돌솥비빔밥 6천 원, 들깨칼국수 5천 원. 영업시간 오전 10시~오후 11시. 부산 해운대 청사포 해월정사 맞은편. 051-704-8668.

대표에 대한 이야기를 들었다. 구 대표는 처음에는 전통 찻집으로 시작했단다.

"서민적인 이 집에서 낮에는 밥을 먹고 밤에는 약주 한잔하기에 좋다. 그래서 그림이나 도자기를 하는 작가들이 많이 모인다. 음식도 좋지만 무엇보다 사람의 마음을 움직이는 심성을 가지고 있다. 우리 주모는 어려운 화가들의 소품도 잘 사주고 전시회를 할 때면 금일봉도 보낸다." 그래서 작가들은 이곳을 '제2의 부산포(중앙동의 오래된 선술집)'라고 부른다. 구 대표의 말은 약간 다르다. "부산포의 주모는 어려운 화가를 도왔지만 나는 살만해진(?) 화가들의 도움을 받고 있다."

주방을 사수하는 주모는 늘 즐겁다. 뭐가 그리 즐겁냐고 물었더니 "음식 대접을 하는 순간이 즐겁다. 많은 사람이 맛있게 먹고 가서 행복하다"고 말한다. 식구처럼 반겨주는, 정이 머물다 가는 집, 향유재이다. 겨울에는 콩국, 여름에는 팥빙수를 먹을 수 있다.

윤가네신토불이보쌈

해운대 '윤가네신토불이보쌈' 윤휘상 대표의 명함에는 직함이 '머슴'이라고 적혀 있다. 소처럼 크고 쌍꺼풀이 진 눈을 굴리며 진솔하게 이야기하는 머슴이라니. 알고 그랬는지 모르지만 보쌈과 머슴은 잘 어울린다. 보쌈김치는 양반집에서 많은 사람을 부려 김장을 하면서 비롯되었다. 일꾼들의 노고를 위로하고 겨울철 영양을 보충하기 위해 돼지를 잡아 삶고 즉석에서 버무린 김치와 곁들여 동네잔치를 한 것이다.

보쌈은 이렇게 김치가 맛이 있어야 한다. 이 집 김치는 아삭하고 감칠맛이 난다. 보쌈김치도, 겉절이도 아닌 딱 중간이란다. 윤씨 어머니의 솜씨다. 아니나 다를까, 고향이 고추장으로 유명한 전라도 순창, 거기서도 내동마을이란다. 고추장 하면 순창이 이름이 났지만 만들기는 내동에서 다 만든단다. 순창 고추장 살 때 내동에서 왔다면 5천 원을 까준다나. 이 집 쌀이나 양념도 다 순창에서 가져온 것이다.

홍어삼합을 시키면 이 집 음식을 다 맛볼 수 있다. 홍어는 부드럽다. 심하게 쏘는 맛이 없어 누구나 먹을 수 있을 정도. 마니아에게는 좀 더 센 것으로 선보인다. 이 정도면 되었다 싶다. 전라도 출신답게 일주일에 두 번은 홍어를 먹으며 손님들에게 한 점 한 점 나눠주다 보니 홍어를 찾는 손님들이 늘었다. 홍어는 수입과 국산을 절반씩 섞어서 쓴다. 국산은 존득하면서 빨간빛이 난다. 좋은 품질에 좋은 가격이다.

윤가네신토불이보쌈

보쌈 2인 2만 2천 원, 홍어삼합 소 4만 원, 점심특선 보쌈정식 1인 6천 원. 영업시간 낮 12시~자정. 해운대구 중동 세이브존 정문 옆. 부산 해운대구 중1동 1380의 4. 051-731-1441.

수육의 맛은 시간 싸움에서 결정난다. 제대로 안 삶아진 수육은 뼈다귀해장국에 들어간다. 이게 또 해장용으로 괜찮다. 수육 먹을 때 살코기만 찾으면 뭘 모르는 사람이다. 단골들에게 기름을 조금씩 먹이기 시작했더니 지금은 기름이 많은 것으로 달라고 요구한단다.

윤씨의 어머니는 “흙을 묻혀 들어오는 공사장 인부의 신발을 먼저 닦아주라. 그러면 음식이 맛이 있다는 소리를 하고 나간다” 고 가르쳤단다. 알고 보니 윤씨는 특급호텔 일식요리사 출신. 3대째 맛과 전통이 제대로 이어지는 곳이다. 하지만 ‘그냥 먹을 만한 집’, ‘손님이 손해는 안 보는 집’ 이라는 게 그의 겸손한 평가다.

안동보리밥

송정해수욕장을 지나 해안도로를 따라 달리다 보니 ‘안동보리밥’ 이라는 간판이 크게 보인다. 저렴한 보리밥집인데 그 규모에 놀라 자빠질 뻔했다. 주차요원까지 둔 주차장부터 규모가 엄청나다. 150평 건평에 230명까지 손님을 받을 수 있단다.

입구에는 원두막 여러 채가 정감 있게 서 있다. 보리밥집을 하기까지 우여곡절이 많았단다. 오리고깃집으로 출발했는데 그만 조류독감 파동이 나버렸다. 그래서 불고깃집으로 바꾸니 곳곳에 고깃집이 들어서서 재미가 없었다. 세 번 만에 보리밥집으로 바꾼 게 대박을 터뜨렸단다.

점심시간에 가면 타고 간 차번호를 불러 줄 때까지 기다려야 한다. “좋은 재료는 좋은 음식의 기술입니다.” “청결함은 좋은 식당의 기술입니다." 벽면에 붙여둔 문구가 마음에 든다. 보리밥정식을 맛보려고 했더니 '따닥불고기정식'을 권한다. 따닥불고기가 뭐예요? 연탄불로 구울 때 따닥따닥 하는 소리가 나서 이름을 지었는데 사람들이 자꾸 물어본다.

호박, 무, 고사리, 시금치, 말린 가지나물, 새싹채소까지 야채가 그득하게 나왔다. 야채는 무한리필이다. 소박한 야채인데 예쁘고 화려하다. 보리밥 비빔밥의 맛은 장이 좌우한다. 된장만 떠서 먹어보니 부드러우면서 달달하다. 몸에 좋은 야채와 맛있는 된장을 넣고 비비는데 맛이 없을 수가 있을까. 꿀맛이다.

한덕수 대표의 인상이 밥집 사장답게 후덕하다. "우리 집에는 바다, 공기, 나무 같은 자연이 좋다. 우리 집의 자연은 남들이 따라올 수 없다. 나중에 돈을 많이 벌어 무료 급식소를 운영하며 맛있는 국수를 나눠주는 게 꿈이다." 이렇게 좋은 생각을 하니 돈도 따라오는 모양이다. 밥값이 아깝지 않다.

안동보리밥

보리밥정식 7천 원, 따닥불고기정식 2인 분 2만 5천 원. 영업시간 오전 11시~오후 10시. 부산 송정 수산과학원 지나 200m 길가에 위치. 051-721-7781.

남·수영구

엘올리브

초고층 아파트가 즐비한 센텀지구 맞은편 수영구 망미동 수영강변 도로가에 장막을 치고 뚝딱거리는 소리가 들렸다. 뭘 만드는 것일까. 이 일대는 고급 아파트를 짓기 위해 대기업들이 앞다퉈 토지 매입에 들어갔다는 소문이 나돈 지 오래이다.

장막이 올라가자 근사한 레스토랑이 등장했다. 와인 창고를 본떠 만들어 지중해 어디쯤에 온 듯한 느낌이 난다. 테라스에 앉아서 커피 한 잔 마시고 싶은 마음이 저절로 든다. 누가 여기다 돈 되는 아파트 대신 예쁜 레스토랑을 만들 생각을 했을까.

이탈리안 레스토랑 '엘올리브'에 들어가 보았다. 실내는 넓고 층고는 높다. 400여 평 실내에 테이블은 고작 11개밖에 없다. 따뜻하고 아늑한 느낌. 음식 맛은 어떨까. 메뉴가 워낙 다양해 매일 와도 다 맛보려면 몇 개월은 걸릴 것 같다.

알이 굵고 싱싱한 올리브 열매가 서비스로 나온다. 올리브라서 올리브다. 와삭 하고 깨물면 지중해로 공간이동을 한다. 이곳 올리브는 원가가 한 알에 250원이나 하는 좋은 품종이니 알고서 드시길.

낙지샐러드에는 낙지 한 마리가 샐러드 위에 통째로 올라가 있다. 올리브와 만난 낙지가 뽀빠이 알통처럼 탱글탱글하다. 봉골레스파게티에는 부산 강서에서 나오는 갈미조개가 들었다. 이탈리아 음식이지만 이렇게 재료를 지역에 맞게 살린 게 특징. 개불파스타를 생각하면 입안에 침이 고인다. 생긴 게 거시기해서 그렇지 최고이다. 파스타처럼 잘게 썰어진 개불이 파스타와 섞여 쫀득하게 씹히는 맛은 안 먹어보면 모른다. 굴이 올라탄 매생이리조또는 건강 덩어리이다.

양갈비나 한우안심스테이크도 좋다. 육즙이 느껴지는 양고기스테이크는 특유의 냄새가 없어서 누구나 먹기에 괜찮다. 스테이크에는 질 좋은 소금이 별도로 나와 고기 맛을 제대로 느끼도록 했다.

고르곤졸라피자는 꿀 대신 무화과를 넣어 만들었다. 신선하게 구워낸 빵도 인기 절정이다. 강가라서 창밖으로 보는 야경도 백만 불짜리다.

너무 좋은 이야기만 많이 했다. 이것저것 많이 먹느라 몰랐지만 양이 좀 적다. 여백의 미를 살리느라 접시가 커서 더 그렇게 보이기도

낙지샐러드

개불파스타

한우안심스테이크

한다. 가격도 좀 부담스럽다.

엘올리브의 고성호 대표가 들어와 "행복하셨냐"고 묻는다. '음식을 먹을 때는 행복해야 한다'는 게 그의 지론. 건축회사 이인의 대표이기도 한 고 대표는 이 건물을 직접 지었다. 고 대표는 "건축물은 공적인 자산이고 도시란 함께 살아가야 하는 공간인 만큼 독점보다 공유가 절실하다. 큰 수익을 바라고 레스토랑을 시작한 게 아니라 이곳이 문화공간이 되면 좋겠다"고 말했다. 2010년 맛집 파워 블로거 15명에게 물은 결과 8명이 연인과 함께 가고 싶은 곳으로 '엘올리브'를 꼽았다.

엘올리브
점심세트 2만 2천~3만 5천 원, 스파게티 1만 7천~2만 9천 원, 피자 1만 4천~2만 5천 원, 코스요리 5만 6천 원부터. 영업시간 오전 11시 30분~오후 4시, 오후 6~10시. 부산 수영구 망미동 207의 8. 수영강변 좌수영교 인근. 051-752-7300.

문화골목

서울 인사동 골목을 걷다 보면 참 '한국스럽다'는 느낌이 든다. 부산에는 그런 곳이 없을까? 부산을 찾아오는 사람들에게 꼭 한번 가보라고 이야기할 곳이 있다. 2008년 6월에 문을 연 '문화골목'.

2009년 '부산다운 건축상'에서 대상을 수상했다. 처음 와서 "와! 뭐 이런 희한한 곳이 다 있나" 하는 생각이 들었다. 갤러리, 소극장, 레스토랑, 술집을 모두 갖춘 공간이다.

갤러리 '석류원'(100년 된 석류나무는 골목의 상징)에서 그림 감상을 한 뒤 레스토랑 '다반(茶伴)'에 들어갔다. 새우샐러드에 와인을 곁들였다. 직접 담근 피클이 시원하다. 시푸드크림스파게티에는 싱싱한 해물이 가득 들었다. 음식이 담백해서 마음에 든다.

2층의 소극장 '용천지랄' 에는 연극을 보려는 젊은이들이 줄을 서 있다. 그 바로 옆이 음악카페 '노가다' 이다. 2만 장이나 되는 LP판이 빼곡히 꽂혀 있다. 살벌하게 톱, 삽, 망치는 왜 걸어놓았을까? 오래된 음악이 많아서 '노가다(老假多)', 최윤식 대표의 직업이 '노가다' 건축가이다. 층고가 높고 시원해서 외국인들이 특히 좋아한다. 산미구엘 같은 맛있고 합리적인 가격의 생맥주를 마시기에 좋다.

다시 1층으로 내려갔다. 붉은색과 자개 장식으로 화려하게 꾸민 오리엔탈 바 '색계'. 그 과감한 색감이 유혹으로 다가온다. 그 옆에는 오뎅바. 푸근한 민속주점 '고방' 은 막걸리를 한잔하기에 좋다. 지하에는 노래방 '풍금' 이 기다린다. 대한민국에 이렇게 잡동사니로 꾸며놓은 노래방은 장담하지만 없다.

지금의 문화골목 앞에서 음악카페를 운영하던 최 대표가 마주한 주택 네 채를 허물어 만들었다. 아침이면

새가 목욕하고, 하늘소와 개구리가 찾는 도심 속 쉼터이다. 최 대표는 "이걸 지키는 게 의무라고 생각한다. 지켜내야 할 게 있어서 기쁘다"고 말했다.

다반
샐러드 1만 2천~2만 원, 스파게티 1만 원~1만 3천 원. 영업시간 낮 12시~오후 12시. 부산 남구 대연3동 52. 부경대와 경성대 사이 센추리빌딩 뒤편. 051-625-0730.

광명집

'광명집'은 오래전부터 즐겨 찾았던 단골집이다. 소개해주는 사람을 따라서 처음 가고, 다음에 다른 사람을 데려가고, 또 그 사람이 다른 사람을 데려갔다는 집.

광명집은 대구뽈찜이 유명하다. 대구뽈찜은 대구의 머리 부분으로 만드는 부산의 대표적인 음식 중 하나. 이 집 대구뽈찜의 특징은 두 가지다. 첫 번째는 대구뽈의 양이 참 많다. 두 번째는 뽈찜 바닥에 진한 육수가 입맛을 돋운다.

빨간 양념에 버무려진 대구뽈찜이 나왔다. 대구 머리를 '뽈'이라고 하고, 쪽쪽 빨아먹어서 '뽈'이라고도 한다. 뽈은 그때그때 맛이 달라 촉촉한 놈도 딱딱한 놈도 있다.

이 집 안영자 대표는 꼭 '찰뽈'만 쓴다고 한다. 찰뽈은 뼈 안에도 살이 느물느물 들어 있다. 뽈찜 한 접시에는 날개, 목살, 등뼈, 뱃살이 골고루 나온다.

맛의 비결은 첫째는 재료, 둘째는 기술, 셋째는 간이다. 김치는 직접 담고, 쌀은 전북 부안, 마늘은 남해나 창녕, 고추는 보성에서 직거래해서 가져온다. 안 대표는 중국산을 단 한 번도 쓴 적이 없단다. 안 대표가 고향인 전라도 보성 장에 떴다 하면 고춧값이 순식간에 근당 천 원씩 오른다.

광명집 뽈찜 맛의 비결은 파, 다시마 등 15가지 재료가 들어간 육수에 있다. 이 육수가 대구뽈과 어울려 끈끈한 맛을 낸다.

안 대표는 "고추는 매우면서도 단맛이 나야 한다"며 카랑카랑한 음성으로 이야기한다. 땀이 줄줄 흐르지만 잘 먹었다. 뽈찜 국물에 사리를 넣고 비벼먹는 쫄면도 일품이다.

광명집

뽈찜, 아귀찜 소(2인) 2만 5천 원, 중(3인) 3만 2천 원. 영업시간 오전 9시 30분~오후 10시. 부산 남구 대연3동 704의 2. 대연동 산업인력공단 입구 경인주유소 옆. 051-621-4376.

필하모니

필하모니에 앉아 있다 보면 늘 지금처럼 조용했으면 좋겠다는 생각이 든다. 그러다 언제나처럼 조용한 게 또 미안해진다. 예술을 무척 사랑했던, 지금은 고인이 된 한 선배가 이런 이야기를 해주었다. "음악을 모르면 인생의 큰 즐거움을 모르는 것과 같다." 클래식을 들려주는 음악카페 필하모니를 알면 사는 즐거움 하나가 늘어난다.

유럽의 오래된 카페 같다는 느낌이 먼저 든다. 사방은 온통 CD와

레코드판이고 군데군데 공연 포스터가 보인다.

부산 음악계의 산 증인 조영석 대표와 부인 이희선 씨가 반갑게 방문객을 맞이한다. 조 대표는 1981년 중구 광복동에서 필하모니를 시작했다. 불이 나서 홀라당 태워먹기도 했고, 건물주가 부도나는 바람에 길거리로 나앉는 등 숱한 고초를 겪었다. 하지만 타고난 낙천주의자 조 대표는 "이왕 망해먹은 거…" 하며 늘 태평이다. 태풍이 불면 송도 바닷가에 가서 볼륨을 최고로 높이고 음악을 듣는다. 차가 파도에 휩쓸려 절체절명의 위기도 겪었단다.

자랑 비슷하게 하는 이 이야기를 듣다 이씨가 한마디 한다. "나는 장사 마치고 우산 쓰고 가다 바람에 날려갈 뻔했는데, 태풍이 불면 좋다고 송도 가서 음악이나 듣고…."

미식가인 조 대표가 하는 집답게 생맥주도 확실히 맛이 있다. 다 이유가 있다. 맥주 통에서 처음에 나오는 맥주를 1천500cc 이상을 버

필하모니

버섯해물라이스 1만 3천 원, 오븐스파게티 1만 원. 영업시간 낮 12~오후 12시. 부산 남구 대연동 문화회관 앞. 051-628-2592.

리고 가스에도 신경을 많이 쓴다. 3일 이상은 절대로 놔두지 않는다.

식사류의 메뉴는 간단하다. 버섯해물라이스와 오븐스파게티 두 종류. 스파게티의 면이 부드럽고 100% 오리지널 치즈를 사용한다. 버섯해물라이스는 재료가 모두 생물이어서 신선하다. 팔보채 같은 느낌도 난다.

라리에또

경성대 앞의 '라리에또'는 특히나 화덕피자가 괜찮은 집으로 소문이 났다. 대학가 앞이라 가격 또한 무지하게 착하다. 이탈리아어로 '행복한 집'이라는 뜻의 가게 이름에 걸맞다.

화덕에서 불구경을 하고 나온 마늘빵은 고분고분해져 부드럽다. 10여 가지나 되는 피자 종류 가운데 고민을 하다 고르곤졸라피자를 시켰다. 화덕에서 나온 담백한 고르곤졸라피자를 돌돌 말아서 꿀에 찍어 먹었더니 달콤하기가 그지없다.

체인점에서 먹던 피자하고는 개념이 다르다. 피자 한 판이 그냥 돌돌돌 하면서 없어졌다. 이제는 파스타 순서. 토마토소스 스파게티 중 '스캄피', 크림소스로 만든 '마레크림스파게티'를 시켰다. 스캄피는 새우와 칠리소스로 맛을 내 매콤하다. 먹다 보니 맵다. 마레크림은 끈적끈적하게 진한 맛이 맘에 든다.

스파게티 면이 꼬들꼬들하다. 처음에는 '알덴테(면을 삶았을 때 안쪽에서 단단함이 살짝 느껴질 정도)'로 심이 들었다고 할 정도였다. 안 익었다는 손님들의 성화에 손을 든 게 이 정도란다. 소스가 부족하니 더 달라는 이야기도 가끔 듣는단다. 이탈리아 음식은 이렇다. 우리는 이탈리아 음식에 눈떠가는 과정에 있다.

디저트인 이탈리아 수제 아이스크림은 입안에서 부드럽게 녹는 맛이 다르다. 런치세트는 피자, 파스타, 탄산음료 2잔까지 해서 1만 2천800~1만 5천800원. 1인당 8천 원이 채 안 된다.

행복한 집의 주인이 누굴까. 화덕에서 피자를 꺼내던 만화 주인공 같은 꽁지머리를 한 사람이 김동국 대표이다. 식품공학을 전공하고 B&C, 기린에서 근무하다 파리로 갔다. 그곳에서 공부와 일을 병행한 뒤 뉴욕에서도 1년간 일을 한 빵 전문가이다. 이런 '빵쟁이' 가 왜 레스토랑을 경영할까?

"제과제빵은 녹화방송 같다. 반면 레스토랑은 그야말로 전쟁터다. 레디 액션 신호와 함께 살아 있는 음식을 만든다. 하루 일과를 끝내고 수고했다는 말을 들을 때 밀려오는 기쁨은 요리사가 아니면 모른다."

라리에또

스파게티 5천900~8천900원, 피자 6천900~1만 1천900원. 영업시간 오전 11시~오후 10시. 부산 남구 대연3동 68의 24. 경성대 던킨도너츠 골목 오른쪽 세 번째 건물 2층. 051-611-0627.

영덕대게생각

안 그래도 자꾸 생각이 나는데 이름까지 '영덕대게생각' 이다. 막상 찾고 보니 예전에 대게 좋아하던 사람을 따라 몇 번이나 와본 집이다. 대게 말고는 이 동네까지 찾아갈 이유는 별로 없어 보인다. '영덕대게생각' 이 워낙 장사가 잘되자 양쪽으로 게집들이 생겼다가 지금은 다 문을 닫았다.

장사가 잘되는 집은 여러 모로 유리하다. 수족관에 대게를 오래 두지 않아 신선하며, 살이 빠질 염려도 덜 수 있다. 가게 옆에는 1톤짜리 대게 창고까지 갖췄다니 그 규모를 짐작할 만하다.

영덕대게는 11월부터 5월까지 나온다. 그 나머지 6월부터 10월까지는 수입품을 쓰는데 주로 사할린이나 연해주산이다.

일단 상에 오른 물건들 좀 보소. 백합, 홍합, 대합 '삼합' 을 넉넉히 넣고 끓인 조개탕은 맑고 시원하다. 이것만 줘도 자주 올 것 같다. 과메기는 또 어떻고. 비록 냉동이지만 한여름 과메기는 남들 못 먹는 별미이다. 꾸들꾸들하게 말린 노가리는 질근질근 씹기에 좋다. 그동안 왜 그리 딱딱한 노가리만 힘들게 씹었는지 모르겠다. 가만 보자 이게 다 안줏거리이다. 대게도 나오기 전에 소주 한 병이 그냥 날아갔다.

대게를 먹기 전에 고향이 영덕인 이 집 사장님에게서 사전 교육을 좀 받았다. 민 사장님, 이름이 안 예뻐 이름만큼은 절대 밝힐 수가 없단다. 하여튼 여자들이란…. 게에만 집중하자. 대게는 물이 찬 물게가 많다. 살이 없는 물게, 찌면 물이 줄줄 흘러

탄력이 없고 싱겁다. 이건 아무리 커도 경매에도 못 간다. 반면 살이 찬 게는 가위로 빼내도 살이 잘 안 빠질 정도이다.

단단한 게살이 게 눈 감추듯 금방 사라진 자리에는 게 껍데기만 수북하게 쌓였다. 게살을 발라주던 민 사장의 손목이 게 껍데기처럼 빨갛다. 게를 찔 때 손을 잘못 넣어서 그렇게 되었단다.

경북 영덕에 가도 지금은 다 기계식 스팀으로 게를 찐다. 그런데 여기는 물을 끓여서 게를 찌는 전통 방식을 고수하고 있다. 스팀으로 바꾸려고 계약금까지 다 줬는데 맛이 영 아니더란다.

민씨는 1998년 IMF 바람에 서울에 있던 건물이 날아가자 대학을 휴학한 딸과 이곳에 가게를 냈다. 어느 날 그 딸이 "엄마, 우리 저 활어차를 훔치자" 고 하는 바람에 놀라 악착같이 돈을 벌었단다. 사실 영덕에 가도 뜨내기손님에게는 좋은 게를 잘 안 내놓는다.

영덕대게생각

1인 4만 원. 영업시간 낮 12시~오후 11시. 부산 남구 대연3동 613의 72. 영남제분 앞 사거리 인근. 051-628-4855.

다리집

수영구 남천동에서 장사를 시작한 지 30년이 되어가는 '다리집'은 유별난 이름에 관한 재미있는 일화가 있다. 처음에 공터에서 포장마차로 장사할 때 근처의 모 여고 학생주임 선생님이 떡볶이 집을 유해업소로 간주해 "밖에서 보면 다리밖에 보이지 않는(포장이 딱 거기까지 내려왔다) 그 집에 가지 마라"고 경고했다. 하지만 워낙 맛이 좋아 학생들이 위험을 무릅쓰고 즐겨 찾아 결국 '다리집'이라고 이름이 났다.

이제는 주차장까지 갖춘 어엿한 떡볶이전문점으로 변신했다. 빵집과 함께 하다 떡볶이집이 너무 잘되는 바람에 빵집을 접었다는 주인 정상식 씨가 청결과 위생에 유난을 떨어 오히려 떡볶이집답지 않은 분위기이다.

떡볶이를 잘라 먹으라며 포크와 함께 가위도 주고, 간장도 딱 먹을 만큼만 준다. 이날도 교복 입은 여학생들이 떡볶이를 먹고 있는데 공연히 다리만 눈에 들어온다. 참, 망측하게스리…. 떡이 졸깃졸깃해 맛이 난다.

다리집

떡볶이 1인분(3개) 2천300원. 만두 1천300원. 영업시간 오전 11시 30분~오후 10시. 매월 둘째 주 월요일에 쉰다. 부산 수영구 남천1동 30의 13. 부산KBS방송국에서 부산자모병원 방향 맥도날드 골목 안. 051-625-0130.

슌

'슌(旬)' 은 신선하고 맛있게 먹을 수 있는 시기를 뜻한다. 또한 '슌' 이 되어 식재료가 시장에 많이 출하되면 가격이 낮아지니 소비자에게도 기쁨을 주는 시기이기도 하다. 제철 음식이 주는 행복이다. 이름을 아예 이렇게 내걸었으니 제철의 좋은 재료를 사용하지 않을 수 없다.

슌을 찾아간 날 매생이국이 먼저 머리를 풀어 보인다. 대구가 좋은 겨울철에는 대구탕도 자주 오른다. 고래고기도 좋았다. 꼭 아이스크림처럼 보였는데 치즈 같은 식감도 났다. 고래가 아이스크림과 치즈를 먹었을 리 없는데 신기한 노릇이다.

계란 요리도 우습게 볼 게 아니다. 단순한 달걀 요리를 어떻게 조화롭게 만들어내느냐로 일식집의 명성이 좌우된다. 달걀 요리에 슌(旬)이라는 글자가 선명하다. 광어 지느러미, 도미 뱃살, 참치 뱃살 모든 게 훌륭하다. 굴튀김은 소스랑 정말 잘 어울린다. 겨울철에는 무조건 굴튀김을 먹어줘야 한다는 사람이 생각났다.

알이 찬 도루묵을 오드득하고 씹었다. 장어초밥은 장어를 못 먹는 사람도 먹게 된다. 입에서 그냥 녹아 없어지기 때문이다. 갈치껍질구이도 향이 좋다.

어만두를 드신 적이 있는지? 생선살로 속을 채운 어만두라는 걸 맛볼 수 있다. 그날 쓰지 못한 생선을 넣고 속을 했다. 일식은 참 손이 많이 가는 음식이다.

요리를 누가 했는지 궁금하다. 정관교 대표는 대학에서 전산을 전공하다 뉴질랜드로 어학연수를 떠났다. 거기서 일본인 여성을 만나 결혼을 했다. 그 뒤에는 학교를 그만두고 처가가 있는 일본 히로시마에 가서 일식 요리를 배웠단다. 이 모든 게 운명처럼 다 정해져 있는 것일까. 처가가 있는 일본에서 가져오는 재료가 많다. 정통 일본식을 지향해 일본 단골이 많고 일본 지역 신문에도 기사가 났다.

슌

스시 아끼세트 8개에 1만 5천 원, 점심특선 2만, 3만 원, 저녁코스 4만 원부터. 영업시간 낮 12시~오후 10시. 부산 광안리 파크호텔 2층. 051-701-1441.

부산의 지역별 맛집

중·동구

중앙식당

중앙동에서 맛 하면 역시 중앙식당이다. 밖에서 보면 간판이 작아서 잘 보이지도 않는다. 그래도 식사 때만 되면 줄을 서서 손님들이 들어오는 건 전통의 힘이다. 중앙식당은 이곳에서 50년 가까이 이어가고 있다.

세 사람이 와서 3만 원짜리 잡어회 소(小)자를 하나 시켰다. 먼저 입맛을 돋우라고 데친 한치가 돌미역과 함께 나온다. 오징어는 결코 이런 보들보들한 느낌이 나지 않는다. 한치 데치는 데도 비결은 있다. 초장에 찍어 입안으로 단숨에 꿀꺽.

기다리던 회가 나왔다. 병어는 꼬들꼬들, 학공치는 반짝반짝, 광어는 잘 아니까 그냥 넘어간다. 모두 자연산으로 숙성을 시켰다. 맛이 훌륭하다 보니 양이 부족한 듯해 입맛을 다신다. 반찬도 김치, 깻잎, 젓갈 하나하나가 다 맛이 있다. 반찬 맛으로 이 집을 찾는다는 손님도 있다.

못 보던 젊은 여성이 식당 일을 거들고 있다. 딸일까, 며느리일까? 자기 일처럼 하면 며느리고, 좀 뻣뻣하면 딸이란다. 좁다 보니 옆 테이블에서 하는 이야기가 다 들린다. "여기서 사진 찍으면 정말 70년대 풍경 같지 않을까?"

주옥선 대표는 17년째 이 집 주방 일을 도맡아 해오다 가게를 인수해 사장이 되었다. 사실 원래부터 주씨를 주인으로 알았던 사람들이 더 많았다. 주 대표는 "일절 회 가격을 올리지 않았다. 자연산이라는 점을 고려할 때 우리 집 가격이 비싼 것은 아니다" 고 말했다.

중앙식당 회 맛의 비결은 생물을 사와서 온도를 잘 맞춰 숙성시키는 데 있다. 밑반찬도 거의 다 직접 만들지 시장에서 사온 건 쓰지 않는다. 대구알젓도 생대구탕을 끓인 뒤 남은 재료로 직접 만든 것이다.

유명한 단골이 한두 명이 아니지만 가수 남진과 함께 찍은 사진을 자랑해 보인다. 저 푸른 초원 위에 그림 같은 집을 짓고 맛있는 음식을 먹으며 살고 싶다.

중앙식당

회정식 1만 5천 원, 생명태탕 1만 원, 생대구탕 2만 원. 영업시간 오전 9시~오후 9시 30분. 여름 한 철을 제외하고는 일요일에도 쉬지 않는다. 부산 중구 중앙동 1가 22. 중앙동 하나은행 맞은편. 051-246-1129.

평산옥

수육만 먹으면 팍팍하고 그렇다고 밥까지 먹으면 부담스러운 경우가 많다. 어떻게 할까? 수육 뒤에 국수를 먹으면 간단하게 해결이 된다. 평산옥은 돼지수육과 세트로 나오는 물국수가 유명하다.

먼저 돼지수육(보통 소주 한 병 정도를 곁들인다)을 시켰다. 수육을 부추김치나 무채에 섞어 특유의 질금장소스에 찍어 한 입 넣었다. 걸쭉하면서도 달달한 질금장소스, 먹을수록 입맛을 돋운다. 간장소스는 새콤하다. 소스가 워낙 인기가 있자 한 식품관련 대기업에서 가져가 연구하기도 했다.

4대째 내려온 이 집에 며느리로 들어온 조순현 씨는 시집와서 일하느라 말도 못 하게 고생을 많이 했단다. 야속한 시어머니는 며느리 몰래 밤에 아무도 없을 때에만 소스를 만들었다.

수육을 먹은 뒤 수육 삶은 물과 뼈를 넣고 끓인 육수에 만 국수를 후루룩 소리를 내며 먹었다. 이 국물이 시원해서 해장을 위해 찾는 사람도 많다. 부추김치를 넣으니 국물이 더 얼큰해진다.

식당 건물 3층에 위치한 살림집에서 조씨의 시부모인 신동호, 이필연 씨를 만났다. 평산옥은 1890년대 신씨의 할아버지가 독립운동에 자금을 대어주기 위해 시작했단다. 한국전쟁 때에도 장사를 계속하며 피란민에게 넉넉한 인심을 보였다. 성씨인 '평산' 신씨, 당시에 유행하던 상호인 '옥'을 넣어 '평산옥'이라는 이름을 지었다.

두 어르신은 매일 아침 식당에 내려와 아들 부부가 출근할 때까지 기다리는 게 일이다. 이들은 아들 부부에게 "가격 올리지 마라, 베풀어라"라는 이야기를 입버릇처럼 한다. 두 분 참 피부가 곱다(신동호 할아버지는 2010년 별세했다). 경기가 나빠도 평산옥을 찾는 발길은 꾸준하다.

평산옥

수육 1인분 7천 원, 국수 2천 원. 영업시간 오전 10시~오후 9시. 매주 일요일 휴무. 부산 동구 초량1동 591의 11. 초량1동 주민센터 옆. 051-468-6255.

부산포

지친 나그네들이 밥과 술을 마시며 쉬어가던 주막. 부산에 남아 있는 마지막 주막과 주모를 만나고 싶다면 중앙동 부산포에 가보시라. '釜山浦' 라고 적힌 희미한 형광등 간판이 주막을 알리는 등불 같다.

30년 넘게 이곳을 지켜온 주모 이행자 씨. 그는 그대로이지만 이 집의 이름은 '골목집' 부터 '부산포 주막' 을 거쳤다. 부산포의 단골 중에는 예술가들이 유독 많다. 청춘을 괴팍한 예술가들 뒷바라지에 바친 이씨가 처음 오는 낯선 손님을 편하게 맞이한다. 과하게 친절하지도, 무신경하지도 않다.

벽면에 걸린 그림들이 이 집의 역사를 보여준다. "아직도 이런 곳이 남아 있었나…." 모자를 쓰고 담배를 문 주모도 그림 속에서 튀어

나온 듯하다. 이 집 단골을 따라 처음 간 날 파전도 홍어도 남아 있지 않았다. 먼저 온 화가들이 홀라당 다 먹어버렸단다. 허기를 달래느라 막걸리부터 시키자 감자 몇 알, 미역무침, 달래, 멸치무침, 따끈한 시락국이 들어온다. 감자는 술 마실 때 배를 곯지 마라는 이씨의 배려이다. 없는 파전이 더 먹고 싶다. 눈치 빠른 이씨가 달래를 이용해 달래전을 내놓는다. 이름마저 예쁜 달래전을 처음 먹었다.

맥주 안주로 내놓는 서대는 정말 예술이었다. 말린 서대를 쪄서 고추장에 찍어 먹었다. 그 생각을 하니 다시 침이 넘어갈 정도다. 그야말로 '대신동에는 동대(동아대), 부산포에는 서대' 이다.

서대가 생각나서 며칠 있다가 한 번 더 갔다. 머리가 허연 화가가 주모와 따뜻하게 포옹을 하고 나간다. 그러자 나이가 지긋한 다른 화가들이 서로 "나도, 나도"라며 줄을 선다.

부산포

해물파전, 나막스, 콩비지찌개 등 거의 1만원 이내. 영업시간 낮 12시~자정. 일요일에는 점심시간 영업을 하지 않는다. 부산 중구 동광동 3가 16의 4. 타워호텔 앞. 051-246-5014.

부산포 주모 이행자 씨의 병원비 마련을 돕기 위해 '부산포를 사랑하는 사람들'이 마련한 '누부야 누부야 우리 누부야 전'

다다우동

우동이 맛있는 집을 찾으니 '다다우동' 이 첫손에 꼽힌다. 장소를 몇 번 옮기기는 했지만 줄곧 조방 앞에서만 30년 가까이 되었다. 대로변에서 장사를 할 때는 손님들이 워낙 많아서 정신이 없었단다. '먹자골목' 안으로 들어오고 나서야 우동 좋아하는 단골들 위주로 은근히 찾아오는 곳이 되었다. 이들은 "날씨가 추워지면 이곳 국물이 생각난다. 비라도 내리면 더 그렇다" 고 이구동성이다.

둘이 가서 새우튀김우동과 냄비우동을 각각 하나씩 시켰다. 반찬은 깍두기, 단무지, 간장, 달랑 세 개. 길쭉하게 썬 빨간 깍두기의 때깔이 참 좋다. 단무지도 싱싱해 새콤달콤하다. 맛있는 느낌이 밀려온다.

냄비우동, 이 얼마 만인가. 우선 국물부터 한 숟갈. 캬! 국물은 달착지근하다. 우동에 든 어묵, 오징어, 생새우, 표고버섯이 다 맘에 든다. 쑥갓향도 좋다. 퇴근 후에는 새우튀김에 따끈한 청주랑 한잔 먹기에도 좋을 것 같다. 냄비우동의 냄비는 다 먹을 때까지 온기를 잘 지켜주었다. 여성들은 유독 새우튀김우동을 좋아한단다. 단맛을 쏙 빨아먹은 새우가 입안에서 살살 녹는다.

안분선 대표에게 끝내주는 국물 맛의 비밀을 물어봤다. 아침마다 멸치, 다시마, 가다랑어포, 야채, 파를 넣어서 국물을 만든단다. 안 대표는 "일본식과 한국식이 섞였는데 국물은 우리 입맛에 맞추었다. 그래서 국물을 먹으러 오는 분들이 많다"고 말한다. 안 대표의 남편이 우동을 좋아하고 또 일본에 사는 친척과 자주 왕래하다 보니 우동집을 하게 되었단다. '다다우동'의 '다다'는 공짜라는 뜻. 저렴하면서 맛있다는 의미이지 물론 공짜는 아니다.

맛집 블로거 '무비'는 "남포동 '종각집' 우동이 맑고 순박한 맛이라면, 다다우동은 진하고 까진(?) 맛이다"라고 표현했다. 까진 맛은 대체 어떤 맛일까. 진하고 달착지근한 국물 맛이 밀리는 퇴근길 내내 입안에서 이어졌다.

다다우동

다다우동 3천500원, 새우튀김우동 4천 원, 냄비우동 5천500원. 영업시간 오전 9시 30분~오후 9시 30분. 일요일에는 쉰다. 부산 동구 범일2동 622의 2. 국제호텔 건너편 먹자골목. 051-645-1300.

아미치

맛있는 집들을 찾아가 물어보면 한결같이 어머니의 음식 솜씨가 좋았다는 이야기를 듣는다. 어릴 때부터 길러진 미각 때문인지, 아니면 정말로 손맛이 전해 내려오는지는 잘 모르겠다.

여성 오너 셰프가 운영하는 이탈리안 레스토랑 '아미치'는 부산의 서부권에서는 가장 맛있다고 소문이 났다.

마음을 먹고 찾아간 '아미치'(이탈리아어로 '친구들')는 작지만 예쁜 가게였다. 물론 찾았을 때에 그렇다. 가게가 작고 눈에 잘 띄지 않아 찾기 어렵다.

고백컨대 스파게티 맛을 처음 배운 곳이 여기였다. 제대로 쌀을 익힌 리조또를 내놓는 곳도 여기였다. 메뉴에 없는 명란스파게티를 먹을 수 있는 곳도 여기다. 늘 같은 요리보다는 새로운 요리를 하고 싶어하는 열정을 가진 셰프가 있는 곳이다.

디저트로 나온 조각 케이크 밑에는 초콜릿으로 높은음자리표와 음계가 그려져 있다. 예술을 아는, 이 집 주인이 누구인지 궁금해진다. 요리사 이지수 씨는 미대를 졸업하고 서울에서 인테리어 일을 하다 이탈리아 음식에 빠져들었다고 한다. 요리는 운명이었을까? 이씨는 서른이 넘은 나이에 뒤늦게 이탈리아 유학을 결심했다.

주방 옆에는 유럽의 성(城)처럼 보이는 사진이 걸려 있다. 이곳이 이씨가 나온 이탈리아 토리노 ICIF. 그림 속 같은 환경은 얼핏 천국인데, 요리 실습만큼은 지옥이나 다름없었단다.

3대째 함흥냉면집을 해온 이씨의 어머니는 2003년 개업할 때 "돈 벌 생각을 하지 마라, 명예만 지키면 된다"는 이야기를 딸에게 했다. 세월이 바뀌어 냉면이 스파게티로 바뀌었지만, 면은 면이 아닌가?

이씨는 어머니의 가르침대로 돈 버는 대신 여러 가지 일을 했다. 주부들을 대상으로 요리나 와인수업을 열고, 이탈리아 요리사를 초청해 강연도 했다. 테이블이 10곳도 안 되는 곳에서 말이다. 이제 소문이 퍼져 '아미치'는 알 만한 사람은 아는 음식점이 되었다. 그보다는 이곳에 남아줘서 고맙다는 표현이 더 맞겠다.

아미치

각종 파스타, 스파게티가 1만 3천~1만 6천 원, 코스요리 3만 8천~5만 원, 부가세 10% 별도. 영업시간 낮 12시~오후 10시. 월요일은 쉰다. 부산 중구 남포동2가 18의 3. 남포문고 후문을 나와 구둣방 골목으로 가는 방향 2층. 051-244-4359.

미정

국제시장에서 20년 된 맛집인 '미정'으로 향했다. 미정에는 각종 요리책이 빼곡해 요리에 대한 주인장의 애정이 엿보인다.

제철 음식이 알아서 척척 나온다. 직접 담근 멍게젓갈, 고추장에 절인 매실장아찌가 마중을 나왔다. 단호박과 배춧잎은 아이돌 스타처럼 빛이 난다. 회라면 으레 동반 출연하는 줄 알았던 상추와 깻잎은 무대에 오르지도 못했다. 시시껄렁한 고정 출연이 빠진 자리에 오래되어도 변하지 않는 묵은지가 '전국노래자랑'의 송해 선생처럼 은근하게 자리를 빛낸다.

도다리 회를 직접 썰어서 가져온 미정의 박옥희 대표가 회초밥을

빚으며 묵은지 이야기를 들려주었다. 묵은지는 영도구 청학동에서 가져왔다. 박 대표는 음식점을 할 요량으로 산 영도의 땅에 포클레인을 이용해 김칫독 10개를 파묻었단다.

태평양을 바라보고 익은 묵은지에다 도다리 회와 멍게젓갈을 살짝 얹어서 입에 넣었다. 이 복합적이고 오묘한 맛을 뭐라고 표현하면 좋을까? 겨울이 가고 만물이 생동하는 봄이 왔음을 알리는 맛이다. 글쎄, 그게 무슨 맛이냐고 다시 묻지는 마시라. 도다리는 길게도 썰고, 뼈째도 썰어 취향대로 먹기에 좋다.

좋은 것은 몸이 저절로 알아 매실장아찌, 멍게젓갈, 묵은지에 자꾸 손이 간다. 회초밥용 밥도 따로 나와 심심하면 싸먹기에 좋다. 달착지근한 가자미조림도 맛이 있다.

방 안이 향긋해지더니 도다리쑥국이 들어온다. 햇쑥을 넣어 파란 국물에 허연 도다리의 속살, 그 속에 빨간색 고추로 점을 찍은 모습이 한 폭의 동양화 같다. 도다리쑥국은 결국 봄을 먹는 일이다.

박 대표는 "음식은 종합예술로 맛, 색깔, 모양이 다 중요하다. 음식 만드는 게 즐거워서 즐기면서 일을 한다"고 말한다. 즐기는데 즐겁지 않을 수 없다.

미정
생선회 코스 1인당 3만 원. 영업시간 낮 12시~오후 10시. 일요일은 쉰다. 부산 중구 신창동 2가 16의 1. 중구 광복동 먹자골목 동명칼국수 골목 안쪽. 051-242-6100.

덕분에

중구 남포동 '덕분에'에서는 만들어 파는 막걸리를 만날 수 있다. 남포동에서 한식집 '큰집', '숟가락젓가락'을 운영하는 배종창 씨의 아들 배찬득 씨가 새로 문을 연 수제 막걸리집이 '덕분에'이다.

배씨 부자는 막걸리를 같이 담지만 구분해 음식점에서는 조금 달도록 만든다. 가게 양조장에서 '진배기(원주)' 맛을 보았다. 누룩향이 확하고 올라온다. 묵직하고 걸쭉한 맛이 나지만 생각보다 독하지 않다. '진배기' 석 잔만 마시면 다음날 아무 기억이 없단다.

배종창 씨는 "우리는 옛날에 누룩향을 안고 살아 누룩 냄새가 안 나면 못 마신다. 그런데 요즘 젊은 사람들은 누룩향이 거슬린다는 이야기를 한다. 막걸리의 누룩은 아침에 화장실에 가면 '금가락지'(황금색 변)를 만들 정도로 몸에 좋다"고 말했다.

'덕분에'가 자랑하는 신상품 복분자 막걸리가 나왔다. 복분자 막걸리에서 마치 맥주 거품처럼 거품이 올라온다. 발효가 계속해서 진행되고 있는 것이다. 한 모금 마셨더니 복분자의 알갱이가 톡톡 씹힌다. 믹서에 간 복분자 씨를 체에 걸렀단다. 복분자 막걸리는 상큼해서 여자들도 좋아한다. 복분자가 누룩향을 잡아 특유의 냄새도 나지 않는다.

덕분에

막걸리 한 주전자 8천 원, 복분자 막걸리 한 병(1ℓ) 9천 원. 영업시간 오후 4시~오전 1시. 부산 중구 광복동 던킨도너츠 건너편 시계방 골목. 051-246-7022.

부산의 지역별 맛집

서·사하·영도구

남포식당

'남포식당' 은 우리나라 최대의 수산물 집산지인 부산공동어시장 관계자들을 통해 알게 되었다. 비가 심하게 오던 날, 이 집을 찾았다.

이 집은 막 썰어주는 회로 유명하다. 무채와 미나리, 미역이 먼저 나왔다. 다른 집과 나오는 방식이 다르다. 보통 회 밑에 깔린 무채는 장식이어서 손도 대지 않는다. 따로 나오니 더 신선하고 아삭해 맛이 있다. 손님들이 제발 야채를 많이 먹으라고 개발한 방식이다. 초장은 아주 새콤달콤하다. 이렇게 먹다 보면 소주 한 병은 후딱 없어진다.

명지산 웅어와 한치 회가 일 인당 5천 원이다. 회도 마음에 들고 가격은 더 마음에 든다. 가을이 되면 학공치가 올라온다. 회를 먹었으면 이제는 속을 데워주어야 할 차례.

밀복국이 나왔다. 부산의 대표적인 음식인 복국. 어떤 집은 조미료를 많이 넣기로 악명이 높다. 복어는 자주복(참복), 황복, 검자주복, 까치복, 밀복, 졸복 순으로 가격이 비싸다. 밀복이 가격에서 밀린다고 얕보지 마라. 억수같이 내리는 비를 바라보며 먹는 복국이 억수로 진하다. 자연산 밀복이 자연스럽게 내는 맛이다. 어제의 숙취가 비에 씻겨 동동 떠내려간다.

복국 가격은 16년 넘게 1만 원. 예전에는 참복이나 까치복만을 쓰다 가격을 올리는 대신 복어 종류를 바꿨단다. 복국만 먹다 보면 항상 뭔가 부족한 느낌이었다. 회를 먼저 먹고 복국을 뒤에 먹으니 그게 좋다.

그제야 사장님이 와서 말을 거든다. "이 집 꼬락서니를 봐라. 이 작은 가게에서 벌면 얼마를 벌겠는가. 오늘처럼 비오는 날이나 추운 겨울철에 공연히 밖에 손님들 기다리게 하기 미안해서 방송 출연 요청도 다 거절했다." 그래도 싱싱한 재료를 써서 이 자리에서 30년이나 하다 보니 알 만한 사람은 다 알고 찾아온다. 이름도 모르지만 이 집 사장님만큼 의리 있는 사람도 못 봤다.

남포식당
복국 1만 원, 회 5천 원. 영업시간 오전 9시~오후 9시. 일요일에는 오후 7시에 문을 닫는다. 부산 서구 남부민 3동 663의 1. 부산 공동어시장 맞은편에서 송도 아랫길 쪽 100m. 051-254-8029.

해림꽃게찜

영도에 오래 산 지인으로부터 '해림꽃게찜' 이야기를 들었다. 비린내가 싫다고 생선회도 먹지 않는 사람이 꽃게찜을 소개하는 일 자

체가 신기했다.

해림꽃게찜은 장사가 꾸준하게 잘 되어오다 몇 년 전에 한 방송에 소개되며 유명세까지 탔다. 그게 화근이었다. 손님이 줄을 서자 주인은 주방장을 두고는 산으로 들로 좀 돌아다녔단다. 결과는 3년 사이에 손님들이 다 떨어져 나갔다. 사람들 입맛이 참 요상해 주인이 할 때랑 맛이 다르다고 했다. 강숙자 대표는 "내가 해야 맛이 있다고 하니 지금은 꼼짝도 안 한다. 아무데도 안 간다" 고 말한다.

꽃게 맛은 신선도에 좌우된다. 싱싱할수록 단맛이 강하고 비린내가 적다. 강 대표는 "좋은 꽃게를 받기 위해 절대로 외상 거래를 하지 않고 현금으로 다 준다. 그래야 게가 나쁘면 바로 반품을 할 수 있다" 고 말한다. 살이 통통하지 않으면 식당 식구들끼리 다 먹어치운다. 이야기를 듣고 보니 꽃게찜에는 과연 실한 꽃게가 들었다. 이 꽃게들은 서해에서 잡아 바로 급랭시켰단다.

탱탱한 꽃게는 느글거리지 않고 깔끔한 맛이 난다. 어떻게 비린내가 안 날까. 흐르는 물에다 꽃게를 두 손으로 뽀드득뽀드득 잘 씻어서 그렇다. 시간이 흘러도 여전히 아삭한 콩나물은 세 번이나 버무린 것이다. 한 번만 생략해도 귀신같이 알아맞히는 손님들이 있단다.

먹을수록 당기는 매운 꽃게찜의 비밀은 천연 양념에 든 소금이었다. 소금을 끓였다 식혔다를 10번 반복하면 쓴맛이 아니라 들쩍지근한 맛이 난다. 누구든 몰라서 못 하는 일은 아닌 것 같다. 꽃게찜은 매운 맛, 순한 맛, 중간 맛으로 조절해서 시킬 수 있다.

꽃게찜을 젊은 사람들이 좋아한다면 순한 꽃게탕은 어르신들이 즐겨 찾는다. 된장과 만난 꽃게탕은 구수하다. 가끔 청량고추의 매운 맛이 느껴져 심심하지 않다. 아구수육도 아주 예뻐 한잔하기에는 좋아 보인다.

해림꽃게찜

꽃게찜 · 꽃게탕 소 2만 5천 원, 중 3만 5천 원. 아구수육 중 3만 5천 원. 영업시간 오전 10시~오후 10시. 1, 3주 월요일에 쉰다. 부산 영도구 청학2동 39의 5. 청학주유소에서 영도구청 방향. 051-416-4988.

피카소의식탁

'피카소의식탁' 은 갤러리(보고갤러리)를 겸한 복합문화공간이다. 유리창을 통해 밖에서도 레스토랑과 갤러리 안쪽의 작품까지 엿볼 수 있다. 14개의 대형 모니터가 전시 중인 작품 이야기를 식사 중인 사람들에게 들려주고 있다.

전시된 작품들을 둘러보고 자리에 앉았다. 가격도 다른 지역에 비해 상당히 저렴해 보인다. 가족끼리 와서 기분 좋은 외식이 가능할 것 같다.

골고루 먹어보기로 하고 해물덮밥, 피자, 파스타를 주문했다. 분위기를 돋우는 와인 한 잔도 곁들였다. 다대포는 해산물이 풍부하고 값이 싸기로 소문난 곳이다. 요리에는 이 같은 지역적인 장점이 그대로 반영되었다. 풍성한 해물덮밥은 의외로 맵싸해 땀 좀 흘렸다. 피자는 담백해서 맘에 든다. 파스타도 가격 대비 합격점을 줄 만하다. 5명이나 되는 요리사들의 작품이다.

무역회사를 운영하는 김자원 대표는 사하구에 문화공간이 부족한 점을 늘 아쉬워했다. 그래서 임대를 주던 1층 160평을 문화공간으로 바꾸었다. 미술을 사랑하는 공예학교(현 부산디자인학교) 출신답게 멋과 맛이 공존하는 공간을 추구했다. 음식에 사용하는 기물도 계절별로 따로 있다. 입구의 아트숍에서 도자기나 공예 작품도 구입할 수 있다. 이런 멋진 공간이 더 많이 생겼으면 좋겠다.

피카소의식탁

파스타 8천~1만 2천 원, 피자 1만~1만 5천 원, 해물덮밥 9천 원. 영업시간 오전 8시~자정(일요일은 오후 10시까지). 부산 사하구 당리동 321의 1. 당리역 5번 출구에서 50m. 070-7728-1888.

신흥반점

자갈치시장 인근의 신흥반점이 요리를 참 잘한다는 이야기를 듣고 찾아갔다. 추천하는 사람들은 삼선짬뽕이 특히 맛있다며 꼭 먹어보라고 권했다. 주문 메뉴 중에서 짬뽕의 비중이 상당히 높아 보였다.

메뉴판에는 삼선짬뽕과 사천짬뽕으로 구분되었다. 과연 맛이 어떻게 다를까 궁금하다. 삼선짬뽕과 삼선자장, 해물이 많이 들어가면 이렇게 '삼선' 이라는 말이 앞에 붙는다. 짬뽕 특유의 빨건 국물을 생각했는데 삼선짬뽕은 꼭 된장 풀어놓은 색깔이어서 조금 당황했다. 일단 내용물을 보았다. 한눈에 보기에도 싱싱한 각종 해물이 많이 들어 있다.

삼선짬뽕 국물을 한 입 뜨는 순간 가히 사골 육수라고 할 만했다. 시원찮은 일본라멘을 먹느니 차라리 이곳 삼선짬뽕을 먹으라고 말하고 싶다. 삼선짬뽕에는 해삼, 새우, 소라, 오징어, 야채, 송이가 풍부하게 들어간다.

화교인 원의국 씨가 2대째 장사를 이어가고 있다. 원래 삼선짬뽕만 했다는데 우리나라 사람들이 워낙 매운 걸 좋아해 사천짬뽕도 별도로 만들었다. 광동밥도 인기이고 팔보채, 전가복도 맛이 있다. '상요리' 가 15만~18만 원(8~10명) 하는데 사람 수를 대비해보니 실용적이다.

신흥반점
삼선짬뽕 · 사천짬뽕 각 7천원. 영업시간 오전 11시~오후 9시 30분. 1, 3주 일요일에 쉰다. 부산 서구 충무동 1가 14. 충무동 교차로에서 송도 아랫길 방향. 051-242-6164.

옛날추어탕

영도의 '옛날추어탕' 은 간판 상품인 추어탕보다 바닷장어를 사용한 장어탕이 유명하다. 한 번 갔다 오니 그 칼칼한 국물이 자꾸 생각이 난다. 오후 1시가 지날 무렵 일행들과 함께 다시 갔다. 미리 주문해놓은 바닷장어구이가 바로 나온다. 낮 12시부터 오후 1시까지는 너무 바빠서 장어구이 주문은 받지 않는다.

매콤달콤한 양념을 해서 직화로 구운 장어구이는 술안주로는 그만이다. 장어구이가 사라질 무렵 기다렸던 장어탕이 나왔다. 장어탕의 국물에는 '영양 가득' 이라고 써놓은 듯하다. 붉은 고추, 깻잎, 마늘을 넣어서 저었다. 국물은 얼큰하고 또 구수하다. 칼칼해서 민물매운탕 맛 같기도 하다.

탕에는 장어가 넉넉하게 들어 있다. 이윤호 대표는 "생선뼈를 오래 끓인 육수로 국물을 만든다. 고춧가루를 쓰면 국물이 텁텁해져 생고추를 쓴다. 붉은 청량고추를 넣으면 맛이 다르다" 고 말한다.

내장탕은 금요일에만 파는데 예약 없이 단 14그릇만 나온다. 가히 'TGIF(Thanks God It' s Friday)' 라 할 만하다.

옛날추어탕

장어탕 1만 원, 장어구이 3만~5만 원, 내장탕 1만 1천 원. 영업시간 오전 10시~오후 10시. 부산 영도구 대교동 1가 179. 영도경찰서 맞은편 식당 밀집지역. 051-413-9786.

부산의 지역별 맛집

기장·강서구

황토마루

신록의 철마와 금빛 물결 병산저수지를 지나니 좁은 산길이 나타난다. 순간 강원도 설악산쯤으로 공간이동이라도 한 것일까. 4만여 평의 넓은 대지에 황토 굴피집들이 옹기종기 모인 '황토마루(www.hmaru.co.kr)' 가 나타났다. 두꺼운 나무껍질로 지붕을 이어 만든 굴피집이다.

요즘에는 강원도 두메산골에서도 보기 힘들다던데. 비가 와서 굴피집이 빗방울이라도 머금은 날에는 낭만이 뚝뚝 떨어진다. 오로지 장작만 때서 난방을 하는데 아침이면 그 연기로 골짜기가 안개가 낀 것처럼 자욱하단다. '별유천지비인간' 이라.

근사한 나무들 사이로 산다래, 산머루도 널렸다. 신윤태 대표는 "여기는 공기나 물 같은 자연이 좋은 곳이다. 머루나 다래는 아이들 교육을 위해서 가꾸었다" 고 말한다. 신 대표가 지난 93년에 이곳에서 음식점을 하겠다고 건물을 짓기 시작했을 때는 약간 이상한 사람 취급을 받았단다. 이상한 그가 15년간 천천히 집을 지어 자연과 썩 잘 어울리는 곳으로 자리를 잡았다. '금강산도 식후경' 이라는 말이 여기에서처럼 잘 어울리는 곳을 못 봤다. 소, 돼지, 오리 취향대로 고르시라.

아래채 구경에 나섰다 희한한 물건이 눈에 들어온다. 바로 '돌판구이'. 철판구이야 몇 번 봤지만 이런 돌판 구이는 처음이다. 후끈한 장작에 10㎝ 두께의 돌이 따끈따끈하게 달궈진다. 야외에서 먹는 돌판 요리도 좋고, 실내용 돌판은 날이 쌀쌀해지면 최고의 인기이다. 벽난로가 따로 없다.

'장작모둠'을 시켰다. 한우, 삼겹살, 돼지 목살, 대하, 야채가 들었다. 돌판에서 불이 확 피어오르는 모습은 마술의 한 장면이다. 직접 농사지었다는 야채도 신선해서 좋다. 본채에서는 신 대표의 아들인 철곤 씨의 안내를 받았다. 그는 부산롯데호텔에서 지배인으로 서비스업 경력을 쌓았다. 그게 인연이 되어 호텔 요리사치고 안 온 사람이 없단다. 샐러드가 맛이 특별나다고 했더니 그런 비결이 숨어 있었다.

본채에서 청둥오리한방찜을 맛보았다. 토종 청둥오리에 칡, 인삼,

황토마루

모두 3인 기준으로 한우스테이크 8만 원, 장작모둠 6만 4천 원, 황토돈모둠 5만 4천 원. 청둥오리한방찜 1마리(2인 분) 4만 5천 원. 영업시간 낮 12시~오후 10시. 부산 기장군 정관면 병산리 211. 051-728-6320.

구기자, 참솔, 황기 등 18가지 약재가 들어갔다. 죽도 괜찮다. 청둥오리 육수에 녹두, 검은 쌀을 넣어 고기 못 먹는 사람들도 좋아한다.

이렇게 잘 먹고 나서부터가 시작이다. 천장 높이가 6m에 달하는 쉬어가는 용도의 황토방이 18개나 있다. "아이고 허리야" 하며 다들 눕기에 바쁘다. 장작을 땐 방이 따끈따끈하다. 이러니 비가 오면 여기 생각이 날 수밖에. 마음이 풀어지며 어린 시절 기억이 난다. 어르신들은 호텔 스위트룸보다 여기가 더 좋단다. 가족과 함께 오면 좋겠다.

하늘아래첫집

부산 외곽지역인 기장군 정관면 병산리를 지나니 병산저수지가 호수처럼 펼쳐져 있다. 여기저기서 진한 밤나무 향기가 나던 때였다. 해운대CC 못 미쳐 경사진 길을 차로 힘들게 올랐다.

'하늘아래첫집', 아름다운 목조건물이 나타났다. 어떻게 여기에 자리 잡을 생각을 했을까? 이 집 대표 이용기 씨가 강원도 두메산골이 고향이어서 그랬던 것 같다. 1994년 처음 문을 열었을 때는 그야말로 산속 오솔길이었다. 그때 오솔길을 찾아오는 재미가 있었다는 사람도, 지금은 길이 좋아져서 좋다는 사람도 있다. 마당에는 장독대, 2층 테라스에는 예쁜 꽃들이 자태를 뽐낸다.

방갈로 이름이 '조단, 청단, 홍단'으로 재미있다. 별채의 이름이 '마구간'인데 실제로 마구간이었단다. 그러면 거기서 밥을 먹는 사람들은 뭐가 되지? 편안한 느낌이다. 의자나 파라솔에도 업체에서 제공하는 홍보물을 사용하지 않아 여기서는 광고 하나 만날 수 없다. 손님들이 편안하게 쉬었다 가라는 배려다.

이 집의 대표 요리는 참나무를 이용한 훈연구이인 '징키스칸' 이다. 고기를 먹기 전에 김치에 먼저 손이 간다. 살짝 얼음이 언 묵은 김치가 아삭하게 씹힌다. 일 년 365일 묵은 김치가 나오는데 김장을 한 번에 30톤씩 담근단다. 박수제비와 된장찌개는 정갈하고 맛이 있다.

방갈로의 벽이 있어야 할 곳에 통유리가 놓여 있다. 창밖으로 푸른 숲이 내다보여 무척 시원하다. 이 창으로 비가 떨어진다는 말인데, 비가 왔으면 좋겠다.

하늘아래첫집

장어구이 1인분 2만 5천 원, 박수제비 5천 원. 징기스칸 한 판 9만 원. 돼지생삼겹 한 상 6만 원. 영업시간 낮 12시~오후 9시. 부산 기장군 정관면 병산리 193의 1. 051-727-5518.

메밀꽃필무렵

시내를 빠져나와 기장읍 죽성리 쪽으로 향하니 세상은 온통 푸르디푸르다. 죽성리 바닷가 마을 끝 무렵에서 '메밀꽃필무렵' 이란 예쁜 음식점을 만났다.

왜 메밀꽃 필 무렵일까? 이 집 주인 최래순 씨의 고향이 이효석의 소설 「메밀꽃 필 무렵」의 배경이 된 강원도 평창군 봉평면. 고향을 떠나 있어도 늘 고향을 잊지 말자는 생각에 이름을 그렇게 지었다. 봉평에서 가져온 메밀꽃 씨앗을 정성스레 뿌려 9월이 되면 이 일대는 온통 메밀꽃밭으로 뒤덮인다.

죽성 일대를 둘러보니 횟집과 장어구이집들이 많다. 하지만 예쁘기로 따지면 역시 '메밀꽃필무렵' 이 으뜸이다. 나무와 황토로 만들어진 방갈로는 또 다른 세상이다. 방갈로 안에 들어가 보았다. 사방으로 창문이 열려 바닷바람이 치고 들어온다. 이리 들어와 저리 나가고, 저리 들어와 이리 나간다.

특히나 비오는 날에 들어가 있으면 세상 걱정을 잊을 만하다. 비오는 날에 만나는 또 하나의 혜택이 있다. 안주인 '서울댁' 홍효진 씨의 싹싹한 서비스이다. 비오는 날이면 손님들이 차에 탈

때까지 우산을 씌워주는 것은 물론이고 혹시 신발이 젖을까 걱정해 신발을 봉투에 싸놓는다.

이 집의 대표 메뉴는 장어(500g), 새우(8마리), 조개(6~8개)로 이뤄진 모둠메뉴다. 두 사람이 먹을 수 있다. 식탁에 오른 물잔은 이쪽 저쪽이 마구 찌그러진 게 예사롭지 않다. 최씨가 기장도예협회 회원으로 집안에 가마를 설치해 작업도 하고 판매도 한다.

이 일대에서 나는 장어는 한결같이 싱싱하다. 그 환상적인 놈들을 달콤새콤한 소스에 버무렸다. 20가지 재료가 들어간 소스는 부부 둘이서 문을 꼭 잠그고 은밀히 만든다. 새우는 큰 놈들을 모았다. 아무래도 덩치가 커야 맛이 있다. 조개는 대합과 키조개, 가리비를 섞어 골고루 맛을 볼 수 있다.

메밀꽃필무렵
장어 1인분 1만 5천 원, 장어+새우+조개 4만 원. 영업시간 오전 11시 30분~오후 10시. 넷째 주 목요일은 쉰다. 부산 기장군 기장읍 죽성리 17. 죽성초등학교에서 좌회전한 뒤 바닷가 쪽으로 들어가 맨 끝집이다. 051-724-0002.

강따라물따라

부산 강서구 강동동에 자리 잡은 '강따라물따라'를 찾긴 쉽지 않았다. 표지판을 따라 농로를 한참 달려도 나타나지 않아 지나가는 사람에게 물었다. 이 길이 맞다고 한다. 이 외진 곳까지 어떻게 알고 찾아오는지….

벌판에 버섯 모양의 집이 나타났다. 이런 곳에 이런 집이 있다니 놀랍다. 강물이 바로 눈앞에서 흘러간다. 둑 위에 선 나무 밑으로 갈대들이 손을 흔들고 인사를 한다. 열이면 열 모두 풍경에 빠져 바로 들어가지 못한다.

소담스러운 장독대 뒤로는 채소밭이다. 어떻게 하면 이런 집에 살 수 있을까? 권필이 대표는 "새 관찰하기를 좋아하던 아들과 늘 오던 장소에 집을 짓게 되었다"고 말했다. 마실 갔던 참새 떼들이 이곳으로 돌아와 떠들기 시작하면 정확하게 오후 7시다.

까치 한 마리가 바로 앞 나무에 앉아 있다 날아간다. 봄·가을이면 좋다. 여름에 소나기가 오고 나면 무지개가 마당에까지 내려와 좋다. 황토로 지은 집 구조가 특이하고 방 이름이 조선, 발해, 동예, 옥저 등으로 옛날식이어서 재미가 있다.

대표 메뉴는 황토진흙구이. 빨갛고 파란 고추, 깻잎, 상추 같은 야채가 굉장히 싱싱해 보인다. 이 모든 야채를 밭에서 직접 재배했다. 야채가 워낙 잘 자라 듬뿍 내놓는다. 이곳 채소밭에는 약도 치지 않는다. 황토진흙구이는 부드러우면서도 향기롭다. 물 좋고 정자 좋은 곳도 있다. 황토진흙구이를 먹으려면 4시간 전에 예약을 해야 한다.

강따라물따라

황토진흙구이 4만 5천 원, 오리보쌈 3만 원, 수제비 6천 원. 영업시간 낮 12시~오후 9시 30분. 부산 강서구 강동동 1199. 강동교에서 500m 지점. '낙동강오리알'에서 농로를 따라 들어오면 있다. 051-972-2401.

보글보글 끓는 오리보쌈도 맛있다. 오리고기를 묵은 김치랑 쌈에 싸서 먹으면 맛이 그만이다. 식사로는 정식, 수제비도 괜찮다.

권 대표는 "해가 넘어갈 때면 일대가 시뻘게진다. 찾아오기가 쉽지 않은 이곳까지 힘들게 들어와 좋다고 할 때면 고맙기만 하다"고 말한다. 문화계 인사 중에 단골이 많다. 여름이면 제방을 따라 한가롭게 산책하는 손님들이 많다.

경남의 지역별 맛집

경남의 지역별 맛집

김해

칠산고가

어떤 이가 이 집에서 게장 정식을 시켰다가 너무 짜서 반도 먹지 못했다고 고백했다. 김해에서는 맛없는 집으로 소문이 났단다. 그것 참 이상한 일이다. 알 만한 미식가 몇 사람은 아주 침이 마르게 극찬을 한 집인데….

한옥집 '칠산고가'에 도착하니 일단 느낌이 참 좋다. 통유리를 통해 실내에서 정원이 시원하게 보인다. 90년 된 고가를 가능한 살려서 어떻게 하면 튀지 않게 지을까 고민했단다. 새들이 물을 한 모금 얻어먹고 날아간다. 마당에서는 나물들이 잘 말라가고, 집 뒤편으로는 대나무밭 아래 '정직한 음식, 착한 밥상'이라는 플래카드가 보인다.

궁금해하던 게장옹기밥 맛을 보기로 했다. 간장게장은 아주 좋았다. 달착지근하고 들척지근한, 홈쇼핑에서 파는 간장게장과는 차원이 달랐다. 그렇다고 소태 같은 짠맛도 아니었다. 인공감미료가 내는 감칠맛 없이 간장만으로 맛을 낸 간장게장. 그러다 보니 조미료에 익숙한 사람들은 간장 맛에 받쳐 짜다고 할 수도 있겠다 싶었다.

정성이 눈에 보이는 총각김치에서는 옛날 시골에서 먹었던 그 맛이 난다. 김치에 젓갈을 안 쓰고 오곡을 넣어 곰삭을수록 깔끔한 맛이 난단다. 달래가 든 된장찌개는 향기가 그득해 저절로 웃음이 나왔다. 깻잎, 무말랭이, 무채 어떤 걸 먹어봐도 다 맛이 있다. 무엇보다 옹기에 바로 지은 밥이 맛이 있다. 옹기에 물을 부어 뜨끈한 숭늉까지 마시니 세상에 부러운 게 없다.

이렇게 잘 먹고 나서 윤종식 대표를 만났다. 그는 조미료가 든 음식을 먹으면 속이 뒤집어진다는 사람이다. 요리사를 뽑을 때 나물 세 가지를 내어주며 점심상을 차려보라는 테스트를 한다고 소문이 났다. 나물에서 참기름 냄새만 진동을 해도 탈락, 제재염(꽃소금)으로 간을 해도 탈락이다. 나물은 나름대로 특성을 잘 살려 간장, 소금, 된장으로만 무쳐도 맛이 난다. 화학조미료를 절대 쓰지 않는 것을 원칙으로 한다. 양조간장(이걸 쓰는 게 가장 마음에 걸린다고 했다)에 20여 가지 약재를 곁들여 약간장을 만든 다음에 그 장에 돌게를 담갔단다.

윤 대표는 "우리 집에 와 맛없다는 이야기를 하는 사람들은 화려하고 가공된 맛에 익숙한 사람들이다. 대중들의 평가는 냉혹해 이렇게 장사하면 돈 못 번다고 수군댄다"라고 말했다. 이런 음식점을 왜 하는지 다시 물었다. 그는 "먹는 걸 들여다보면 인류가 어디로 지향하는지를 알 수 있다. 나물과 밥, 이런 한식의 조합이 재미있지 않냐"고 반문한다. 이 집 맛은 대중에 맞지 않을 수도 있다. 하지만 대중이 항상 옳은 것도 아니다. 우리는 제대로 먹고 있는 것일까.

칠산고가

게장옹기밥 1만 5천 원, 연잎밥·왕대통밥 1만 3천 원, 전통백숙 4만 원, 유황통오리탕 3만 원. 영업시간 오전 11시~오후 10시. 경남 김해시 이동 714의 5. 서김해IC에서 5분 거리. 055-323-2566.

대동할매국수

경남 김해시 대동면의 대동할매국수는 국숫집으로는 부산 경남 일원에서 첫 손에 꼽는 유명한 집이다. 특히 술 마신 다음날 해장을

위해 일부러 찾는 주당들이 많다. 주당이자 미식가인 한 분은 "집이 대동 근처였으면 거의 살다시피 했을 것 같다"며 오늘도 그곳으로 액셀러레이터를 밟는다. 이런 대동할매국수의 중독자가 꽤 있다.

대동농협 주변에는 할매국수의 영향으로 국숫집이 10곳 가까이 들어서 국수촌이 되었다. 점심 식사 때를 한참 넘긴 오후 4시가 다 되었는데도 손님들이 적지 않다. 입구에서 '대동 할매'가 내일 쓸 재료를 다듬고 있어 말을 붙였다.

할매는 "술 마시고 나서 속이 메슥거린다며 한여름에도 육수를 뜨겁게 해달라는 손님들이 있다. 또 우리 집 국수를 다 먹지 못하고 국물만 들이켜는 사람을 보면 저 아저씨 술에 된통 '맞았구나' 생각한다"고 말했다.

국수가 나오기 전 육수를 한 입 들이켰다. 멸치 육수의 진하기가 '멸치 곰국' 수준이다. 멸치 대가리나 내장을 전혀 제거하지 않은 맛이 느껴진다. 그런데도 먹기에 거부감이 없는 걸 보면 분명 좋은 멸치를 쓴다. 가히 '해장의 최고봉'이다. 국수에는 육수와 청량고추 양념을 입맛에 맞게 적당히 넣으면 된다. 청량고추 이게 또 술 먹고 정신없는 사람들 정신 들게 하는 특효약이다. 구포국수 면발과 육수가 참 잘 어울린다. 속이 확 풀리고 이마에는 땀이 송골송골 맺힌다. 술을 못 드시는 대동 할매에게 술에 대한 견해를 들어보았다. "한두 잔 마시는 것은 괜찮고, 과도하게 마시면 안 되지. 사업하다가 잘 안 되면 한 잔씩은 먹어야지"라고 가슴에 와 닿는 이야기를 한다.

대동할매국수

보통 3천 원, 곱빼기 3천500원, 왕곱빼기 4천 원. 영업시간 오전 9시~오후 6시 30분. 일요일에는 쉰다. 경남 김해시 대동면 초정리 13. 대동중학교 앞 슈퍼 골목. 055-335-6439.

화포메기국

서울에 가서 크게 출세를 한 사람이 때가 되어 모든 걸 정리하고 고향으로 돌아왔다. 고향에 와서도 환경운동 등으로 바빴던 그가 한 달도 안 되어 찾은 곳이 '화포메기국' 이었다. 이 세상 온갖 산해진미를 다 맛보았을 그였다. 아무 소리 없이 메기국 한 그릇을 다 비우고는 "메거지 맛이 옛날 그대로네"라고 한마디 하고 돌아갔다. 그는 그 후로도 영영 고향을 떠날 때까지 이곳을 여섯 번이나 다녀갔단다. '찜통' 을 보내와 사가는 경우는 훨씬 많았다.

예전에 이곳은 배가 들어오는 낙동강의 포구였다. 가게 앞에는 좁아지긴 했지만 지금도 화포천이 무심하게 흐른다. 경남 김해시 한림면의 '화포메기국' 은 김민철 대표의 할머니 때부터 시작해 3대째 전통을 이어오고 있다. 낙동강을 오가는 사람들이 꼭 들러가는 주막집이었던 셈이다.

김해 사람들은 예전부터 메기국을 즐겨 먹었다. 그래서 '화포메기국' 은 지금도 김해에서 꼭 가봐야 하는 집으로 꼽힌다. 메기탕은 들어봤어도 메기국은 낯설다. 탕과 국의 차이가 뭘까. 탕과 국은 대개 같은 의미로 쓰기도 하나, 건더기가 많고 국물이 적으면 특히 탕이라고 부른다.

먼저 장어구이를 시켰다. 양념 장어의 빛깔이 아주 좋다. 허름한 가건물 같은 곳에서 이렇게 깔끔한 음식이 나오는 게 신기하다. 장어는 하루를 숙성시킨 뒤 아예 구워서 나온다. 살짝 말린 것처럼 졸깃한 느낌이다. 장어 양념이 충분히 잘 배어서 식어도 맛이 좋다.

메기국의 맑은 빛이 입맛을 당긴다. 미꾸라지 대신에 메기를 넣고 고아서 만든 추어탕 같다. 메기살이 잘게 바스러져 들어 있다. 웬일일까, 메기국은 메기 특유의 흙냄새가 거의 나지 않는다. 메기를 처음 먹는다는 여성도 맛있다며 코를 박는다. 숙주나물 등도 풍성하게 들었다. 메기라고는 믿기지 않을 정도로 국 맛이 깔끔하다.

메기국은 먼저 메기를 삶아 뼈와 살을 분리시킨 후, 뼈로 끓인 육수에 살코기를 넣어 2~3시간 푹 곤다. 거기다 숙주, 부추, 마늘, 파, 갖은 양념을 곁들여 만든다. 양식장에서 메기를 가져와 일주일간 물에 넣고 흙냄새를 빼는 게 이 집 비결인 모양이다.

김해가 꼽는 대표적인 음식의 하나인 메기국. 서민들 보양식으로 이만한 게 없겠다. 먼 길 달려온 보람이 있다. 봉하마을까지는 차로 15분 거리이다.

화포메기국

메기국 6천 원, 장어구이 3만 4천 원(2인 분). 영업시간 오전 11시~오후 9시. 1, 3주 일요일에 쉰다. 김해시 한림면 안하리 1041의 1. 055-342-6266.

하송

한국에 온 지 일 년 정도 되는 일본인 친구가 굉장히 맛있는 추어탕집이 있다고 소개해주었다. 과연 어떤 집이기에 일본 사람의 입맛까지 사로잡았을까? 경남 김해시 생림면 나전리에 있는 '하송'으로 달려갔다.

하송의 심재득 대표는 서각협회 김해지회장을 맡고 있다. 새하얀 머리에 부리부리한 눈매의 심 대표가 대추차를 가져온다. 진한 대추차와 함께 나오는 다식 하나하나가 정성스럽다. 부인 강혜련 씨의 취미가 도자기여서 실내를 장식한 좋은 도자기 구경도 기대하지 않았던 즐거움이다.

하송은 처음에 찻집으로 시작했다가 지금은 음식점을 겸하고 있다. 먼저 전라도 팥칼국수를 먹어보았다. 팥죽에 국수가 들어간 게 이채롭다. 전라도식으로 먹으려면 설탕을 두 숟가락 정도 넣으면 된다.

그렇게 먹으니 단팥죽이다. 겨울에 먹는 단팥죽 한 그릇은 별미다.

심 대표는 "팥 한 되에 국산은 1만 5천 원, 중국산은 6천 원 한다. 그런데 중국 팥을 쓰면 맛이 나지 않는다"라고 말한다.

두 번째로 맛본 게 해초비빔밥이다. 해초비빔밥에는 갈래곤포를 비롯해 7가지 해초가 들어가 색깔이 무척이나 곱다. 향긋한 멍게 냄새가 후각을 자극한다.

해초비빔밥 한 그릇을 뚝딱 해치웠다. 먹다 보니 이곳에서 쓰는 그릇은 모두 도자기이다. 어떤 그릇에 담기느냐에 따라 맛도 다르다. 반찬도 정갈하다. 세 번째로 돌솥밥과 함께 나오는 추어탕을 맛보았다. 산초가 적당히 들어간 이 추어탕에 일본인 친구가 반했다고 했다.

맛도 좋고 분위기도 좋다. 집 앞의 뜰에 나가보았더니 분성산에서 바람이 불어온다. 맞은편에는 신어산이 보인다. 심 대표는 "사람들은 원가 개념이 없다고 이야기하지만 여기 나오는 음식은 어차피 내가 먹는 것이니 좋은 재료를 쓰고 있다. 음식 장사는 본전만 하면 되는 것 아닌가"라고 말한다. 홍삼 우롱차의 달착지근한 맛이 혀끝에 오래 남았다.

하송

팥칼국수 8천 원, 해초비빔밥 8천 원, 돌솥밥과 추어탕 1만 원. 영업시간 오전 11시 30분~오후 10시. 경남 김해시 생림면 나전리 477의 5. 김해 가야CC를 지나 음식점 '가야금'에서 좌회전해서 50m. 055-323-1005.

연못집

경남 김해시 진례에는 사진작가들이 연꽃 사진을 찍으러 자주 가는 '연못집'이 있다. 연꽃 군락지여서 연꽃이 활짝 피는 7월의 비 오는 날에 이곳을 찾으면 정말 멋지다.

'연못집' 입구에 들어서는 순간 "아!" 하는 감탄사가 저절로 나왔다. 입구에서 '연못집' 까지는 수목에 덩굴이 우거진 아름다운 길이 잘록하게 휘어져 있다.

연못에는 수천, 수만의 연잎들이 연꽃들을 보듬고 있다. 저절로 카메라 셔터가 눌러진다. "이 모습을 어떻게 전달할까?"

연못은 이 집 송유선 대표의 아버지가 만든 양어장이었다. 지금도 붕어, 가물치 같은 녀석들이 산다. 연꽃은 7월이 절정. 새벽에 활짝 피었다가 해가 뜨면 수줍은 듯 숨는다. 방갈로에서 비 오는 걸 바라보면 바깥세상을 잊게 된다.

'연못집' 은 한방오리, 오리불고기, 오리탕을 하는 오리고기 전문점이다. 한방오리를 시키니 커다란 연잎 위에 담겨져 나온다. 오리고기 백숙에는 '연밥' 이 들어가 오리 특유의 냄새가 없어지고 구수한 맛이 난다. 이런 별천지에서 먹는데 맛이 없을 수가 있을까?

오리고기를 먹고 나오는 길인데, 연못집 주변에서 놀던 해오라기 한 쌍이 놀라서 후다닥 달아난다. 연인들인가?

연못집

한방오리고기 한 마리 4만원. 영업시간 낮 12시~오후 10시. 경남 김해시 진례면 송정리 521. 진례IC를 빠져나와 진례면사무소를 지나 송정마을에서 '연못집' 간판을 만날 수 있다. 055-345-0070.

설해

김해에 사는 지인이 눈 내리는 바다라는 뜻의 참치 전문점 '설해(雪海)' 이야기를 해주었다. 이 이름이 더 낭만적으로 들리는 사연이 있었다.

참치 요리를 정성들여 마련해준 요리사가 손님들을 위해 기타를 치며 노래까지 해준다는 것이었다. 잃어버린 낭만을 찾아 김해시 삼계동으로 갔다. '설해'는 요리사 선후배 사이인 임형빈, 김종우 씨가 사이좋게 공동으로 하고 있다.

노래하는 낭만 요리사는 후배인 김종우 씨이다. 노래가 정말 좋다는 김씨는 한때 가수의 꿈을 꾸기도 했다. 좀 더 나이가 들어서는 라이브 카페를 하고 싶었다. 장유에서 조개구이 가게를 할 때에도 열심히 노래를 불렀단다.

이날 마침 생일을 맞은 여자 손님이 있었다. 손님 테이블에 앉아 기타를 치며 생일 축가를 부르자 정말 좋아한다. 기분이 좋아진 손님이 주는 소주도 한 잔씩 오고간다. 오고간 건 소주가 아니라 정이고 사랑이다. 노래하는 곳에 사랑이 있고, 노래하는 곳에 행복이 있다.

김씨는 '7080 부산 통사모(통기타를 사랑하는 모임)' 회원으로 쉬는 날이면 함께 공연을 하러 다니기도 한다. 그는 "일식집에서 노래를 하는 게 어울리지 않는지도 모르지만 기분 좋게 먹으면 맛도 더 있다고 생각한다. 주로 옛날 노래를 많이 하는데 호응이 좋아서 기쁘다"고 말한다. 오후 11시가 넘으면 손님들과 함께 노래를 부르고 노는 분위기가 된다. 몇 년을 계속했더니 팬도 꽤 많이 생겼단다.

노래하고 놀다 음식이 식겠다. 다랑어와 새치가 섞여 뱃살과 머릿살 위주로 나오는 프리미엄(2만 5천 원)이 유혹을 한다. 벌건 부위는 쇠고기와 꼭 닮았다. 임씨는 일식 경력 20년, 김씨는 10년이다. 참치 전문점에서 이만한 경력자들을 좀처럼 찾아보기 힘들다. 요즘 머릿살이 맛이 있다고 권한다. 모둠 한 접시가 바다에 눈 녹듯이 사라졌다.

여기서도 리필이 된다. 무한리필은 아니고 양심리필. 가리비 회에 입이 즐겁고 참치 눈물주에 눈이 즐겁다. 아름다운 나의 인생, 브라보 마이 라이프다.

설해

스페셜 1인 2만 원. 영업시간 오후 4시~오전 2시. 경남 김해시 삼계동 삼계 야구연습장 앞. 055-312-9806.

양산

바루

몸에 좋은 음식, 약이 되는 음식으로 몸을 다스리는 일을 약선(藥膳)이라고 한다. 양산의 약선 요리 전문점 '바루'는 약선이자 사찰음식에 가깝다.

이 집의 대표 메뉴인 연잎밥정식과 송이밥정식을 시켰다. 전채요리가 화려하고 예쁘다. 식사와 같이 한 상에 차리기가 힘들 정도로 가짓수도 많다. 몇 가지만 소개하자. 처음 구경하는 배추전과 무전이다. 배추전은 심심하고 담백하고, 무전은 아삭하다.

검은깨가 든 묵과 단호박조림에는 동백꽃이 장식으로 올라 계절의 홍취를 돋우었다. 식사가 들어오기 전에 약초로 담갔다는 동동주를 한잔 곁들였다. "거 좋다! 가만 이게 어디서 나는 향기지…." 식사가 들어오자 방 안 가득 향긋한 향이 감돈다. 송이밥 때문에 그렇다. 치자 물에 담가 샛노랗게 물든 송이밥, 입으로 먹고 코로 느낀다.

연잎밥은 몸에 좋은 재료를 듬뿍 넣은 찰밥이다. 집에 가져가서 먹기에도 그만이다. 찬이 다 맛있었지만 장아찌 종류가 가장 마음에 든

다. 산웅개는 씁쓸, 당귀는 향긋, 감장아찌는 달콤했다. 그 밖에 가죽, 산초, 김 장아찌가 입맛을 돋운다. 염장해서 만든 취나물은 입에서 살살 녹았다.

심외숙 대표는 "3년 이상 숙성시킨 산야초 효소를 넣어 만든 약선요리는 몸과 마음을 편안하게 해주며 건강을 증진한다"고 소개했다. 심씨는 39세에 양산대 호텔조리과에 들어갔다. 한 · 일 · 중식에 복어요리자격증까지 가지고 있지만 지금도 새로운 음식 만드는 연구를 그치지 않는다.

바루
사찰연잎밥정식 · 송이밥정식이 각 1만 8천 원, 단호박밥 1만 5천 원, 화엄사 대통밥 1만 원. 영업시간 낮 12시~오후 8시 30분. 경남 양산시 물금읍 범어리 546의 3. 양산교육청 입구. 055-385-6688.

OK목장

통도사나 통도환타지아에 갔다면 꼭 한 번 들러보라고 추천하고 싶은 곳이 'OK목장'이다. 분명히 통도사 근처에 있는데 주소는 울산시 울주군이다. 이 부근에서 울산과 양산이 갈라져서 그렇다. 입간판에 돼지고기 갈매기살과 생선이 나란히 있다. 옳아, 육해공군이 다 모여 누가 더 맛이 있는가 결투를 벌이는 곳이로구나.

처음 찾아가던 날 오후 2시가 넘었는데도 웬 사람과 차들이 그리 많은지 신기하다. 갈매기살과 고등어구이를 시켰다. 고기와 생선이 좋다. 하지만 그보다도 밥 이야기를 먼저 해야겠다. 밥을 한 술 뜨는 순간 "야, 밥이 맛있다"는 감탄사가 저절로 나온다. 반찬 없이 밥만 먹어도 되겠다는 느낌이다.

밥맛이 훌륭한 이유는 쌀이 좋은 덕분이다. 충남 공주의 한 농가에서 계약 재배를 하고는 한 달에 한 번씩 도정을 해서 부부가 직접 싣고 내려온다.

워낙 밥맛이 좋자 밥만 달라는 손님이 있을 정도이다. 김치는 또 어떻고. 갈치를 넣어서 담은 묵은지에서는 제대로 숙성된 시원한 맛이 난다. 새콤한 것 같기도 하다. 먹을 것도 많은데 된장찌개에 자꾸 손이 간다. 된장에 사연이 있었다.

김정만 대표의 아들 한국 씨가 얼마 전에 결혼을 했는데 마침 처가가 백화점에 된장을 납품하는 '언양 메주' 이다. 이런 걸 천생연분이라고 할까. 김 대표는 한국 씨에게 "니, 된장 값은 주나? 남자가 비겁하게 처가 물건 그냥 가져오면 안 된다. 콩 한 말을 가져와도 돈을 주어야 한다"라고 말한다.

주변에서 직접 캔 씀바귀, 천궁, 달래로 만든 지(김치) 종류가 상에 즐비하다. 이게 다 입맛을 돋운다. 나름 주연 배우들이 신경을 써 주지 않자 붉으락푸르락한다. 고등어구이가 큼직하다. 갈치구이를 시켜도 제법 큼직한 놈으로 네 토막이나 나온단다.

입구의 숯불에서 고기를 구워다 주는데 갈매기살이 훌륭하다. 옆에 새로 자리 잡은 여자 손님들이 "이 집 맛있게 한다"고 말한다. 소문이 난 모양이다. 〈OK목장의 결투〉라는 버트 랜커스트와 커크 더글라스가 출연한 1957년도 영화가 있다. 김 대표가 워낙 이 영화를 좋아했고, 또 원래 공장 부지였던 이 자리에 울타리를 치고 나니 목장 같아서 그렇게 이름을 붙였단다.

김 대표는 밥맛의 비결을 "사실 밥이 맛이 있으니 반찬이 필요 없다. 쌀은 도정한 지 한 달이 넘으면 밥이 맛이 없어진다. 그래서 우리는 한 달에 한 번씩 도정해서 쌀을 가져온다. 그리고 항상 손님 올 시간에 맞춰서 밥을 한다"고 밝힌다.

아삭고추가 맛이 있다고 하자 집 뒤에 가서 좀 따가라고 한다. 아까운 것도 없다. 음식 장사는 남에게 베풀 줄 알아야 한다.

OK목장

고등어구이(1마리) 1만 원, 갈치구이(1마리) 1만 5천 원, 갈매기살(135g) 8천 원, 식사 1인당 3천 원. 영업시간 오전 10시~오후 9시. 경남 울산시 울주군 삼남면 방기리 360의 3. 055-384-0939.

우정식당

양산에서 볼 일을 다 본 뒤에 저녁을 먹기 위해 들른 곳이 상북면 석계리의 '우정식당' 이었다. 오래된 간판에 "음식물은 다섯 가지 맛이 나되 균형이 잡히고 담백해야만 심신이 상쾌해진다"라는 글귀가 붙어 있다. 지당한 이야기이다.

우정식당은 민물매운탕집이다. 중태기, 피라미, 메기 매운탕 등 민물매운탕을 골라 먹을 수 있다. 물 좋고 산 좋은 양산에 와서 은어튀김과 피라미매운탕을 시켜놓고 기다리니 마음이 편안하다.

중태기라는 이름을 오랜만에 들었다. 환경에 민감한 물고기로 1급수에 산다는 중태기. 삶이 권태기에 접어들 때 중태기매운탕을 먹어봐야겠다는 생각이 빠르게 헤엄쳐 지나간다.

상에 오른 깻잎장아찌는 푹 삭아서 먹음직스럽다. 마늘장아찌나 젓갈도 옛날 방식 그대로여서 마음에 든다.

상호가 왜 우정식당인지 궁금해 물었다. 그 이야기는 이렇다. 이 식당 단골인 초등학교 선생님 세 분이 계셨다. 이분이 대표가 그분들께 식당 옥호를 지어달라고 부탁했다. 세 분이 머리를 싸매고 며칠을 연구한 결과가 우정식당이다. 좀 더 호방한 성격이었다면 식당 이름이 '도원결의' 가 되었을지도 모를 일이다.

은어는 맛이 담백하고 살에서 수박향이 난다는 생선이다. 튀김옷을 입혀놓으니 향은 숨어도 고소한 맛이 난다. 피라미조림에는 깻잎이 그득하게 들어 향긋한 냄새가 멀리에서도 난다. 피라미와 은어가 순식간에 꼬리를 내린다.

거기 누구신가? 멀그스름한 된장찌개가 들어왔을 뿐이다. 좀 짠맛이 나는 이 된장찌개의 맛이 예술이다. 일행들은 밥에다 코를 박고 된장찌개를 떠먹고 있다. 말이 필요 없다. 이씨는 장사를 한 지 10년 넘게 된장찌개는 팔지 않았단다. 왜 이 맛있는 된장찌개를 안 파느냐는 지인의 권유가 계기가 되어 된장찌개가 주 메뉴가 되고 말았다.

통무를 그대로 담근 무김치가 아삭하게 씹혀 디저트 같다. 김치를 도가니 속에 넣고 1년간 묵혔단다. 사람들이 잘 먹고 가는 게 삶의 보람이라는 이씨의 얼굴이 밝아 보인다. 된장은 경북 청송에서 제일 좋은 콩과 고추를 사 가지고 와서 담갔다.

우정식당

피라미조림 1만 원, 피라미튀김(소) 1만 원, 된장찌개 6천 원, 은어튀김 소 2만 원. 영업시간 오전 9시 30분~오후 9시 30분. 경남 양산시 상북면 양산시 상북면 석계리 22의 7. 한성아파트 옆. 055-375-6738.

옥전산방

경남 양산시 하북면 백록리 '옥전산방' 으로 향하던 날, 부산에서는 보기 드물게 눈이 제법 내렸다. 기와집에 붙은 '약초양념연구원', '한국한시연구회 양산지회' 간판이 옥호보다 더 눈에 띈다. 밥 짓는 냄새가 난다. 배고픈 사람에게 이보다 더 좋은 냄새는 세상에 없다.

밥상에는 벌써 꽃이 피었다. 백, 흑, 황, 적의 화사한 전 위에 매화 꽃잎이 다소곳이 앉았다. 화전의 맛을 보며 음식은 오감으로 먹는다는 이야기가 실감이 났다. 밥은 뽕잎 가루와 잡곡을 섞어서 지어 영양 만점이다. 강원도 철원산 좋은 쌀로 밥을 지었다. 개운한 청국장에서는 특유의 쿰쿰한 냄새가 나지 않아 신기하다. 발효가 잘되면 청국장에서도 냄새가 나지 않는다. 청국장을 띄울 때 시기를 잘 맞춰 조절을 해야 한단다.

놀라지 마시라. 반찬이 30가지가 넘는다. 처음 보는 산야초들이 꽤나 있다. 스님들이 많이 먹는다는 고수나물, 처음에는 비릿하지만 먹을수록 괜찮다. 참죽나물의 어린 순은 아주 산뜻하고, 호박샐러드는 새콤달콤하다. 돌나물은 비린내가 안 나서 마음에 든다.

3년 묵은 당귀장아찌도 밥 먹기에 좋다. 음식들이 다 순해서 마음에 든다. 순하게 느껴지는 이유는 천연 양념을 사용해서 그렇다. 배불리 먹었는데도 속이 편안하다. 산머루, 산포도, 오디가 들어간 열매주를 한 잔 얻어 마셨다. 술 한 잔도 약이다.

영축산, 천성산, 신불산 등 지역 명산에서 채취한 각종 산나물과

텃밭에서 무공해로 재배한 채소로 음식을 만들었다. 이렇게 먹으면 신선이 부럽지 않을 정도이다.

옥전산방 정판임 대표는 지리산 자락에서 자라나 어려서부터 산야초에 관심이 많았다. 건강이 좋지 않았다. 문득 옛날에 어머니가 해주신 야생초 밥상이 생각나 자연식으로 바꾼 후 약선에 눈을 뜨게 됐다. 정 대표는 "음식을 하기 싫어서 도망을 간 적도 있다. 그래도 손님들이 찾아와 밥 먹고 나가며 고맙다고 합장을 한 모습을 본 뒤로는 밥이 약이라는 마음으로 만들고 있다" 고 말한다.

손님이 기다리고 있으면 호흡이 가빠지고 음식을 만들기 어려워 예약제로만 운영한다. 재료가 떨어지면 손님을 안 받는다. 봄이 되면 찬거리가 지천으로 널렸단다. 봄에 나는 두릅, 쑥, 질경이, 찔레꽃, 아까시, 다래순 나물을 맛보러 오란다. 빨리 봄이 왔으면 좋겠다.

옥전산방

야생초밥상 1만 3천 원. 영업시간 낮 12시~오후 5시. 경남 양산시 하북면 백록리 56. 천성산 밑 솥발산공원묘지 입구. 055-383-0235.

경남의 지역별 맛집

밀양

행랑채

표충사 가는 길목인 밀양시 산외면 금곡리. 그곳에 우거진 나무, 기와와 돌담이 예쁜 쉬어갈 만한 장소가 있다. 차실과 음식점을 별도로 운영하는 '행랑채'의 차실에 먼저 들었다. 가로, 세로, 혹은 통유리로 뚫린 유리창을 통해 햇살이 신비스럽게 들어온다. 창으로 보이는 담쟁이, 산머루 덩굴이 보기에 시원하다. 흔들리는 백열등, 인도나 중국에서 가져왔다는 물건들이 재미있다. 커피와 녹차 종류가 3천~5천 원대로 저렴해서 좋다.

머리가 맑아지는 느낌이 드는 건 왜일까? 행랑채의 식사 메뉴는 흑미비빔밥과 수제비 단 2개뿐이다. 심심해서 고추전을 시켜봤다. 고추가 연꽃처럼 활짝 피어난 걸 처음 보았다. 맵싸해서 입맛을 돋운다.

수제비는 국물이 시원하다. 수제비를 좋아하지 않는 사람도 코를 박고 열심히 숟가락질이다. 아! 맛있다. 흑미비빔밥이 들어오니 고소한 냄새가 난다. 거칠고, 예쁘다고 할 수 없는 흑미이지만 서로 섞이니 곱기만 하다. 흑미비빔밥은 오돌오돌 씹는 재미가 있다. 몸에 좋은 소박한 음식들이다.

김노환 대표는 부산에 살다 밀양에 정착한 지 10년쯤 되었단다. 김 대표는 "도시에서 앞만 쳐다보고 눈을 '꼴치고' (?) 살았지만 허점 투성이더라. 모든 게 시간이 지나고 나니 후회가 된다" 고 말한다. 김 대표는 작가 같고, 부인은 화가 같은 인상이다.

이 집에 걸린 그림들은 부인이 다 그렸다. 밀양에서 다시 찾고 싶은 집 1순위로 꼽힌다.

행랑채
비빔밥 7천 원, 수제비 6천 원, 고추전 1만 원. 영업시간 오전 9시~오후 9시. 경남 밀양시 산외면 금곡리 16의 12. 신대구고속도로 밀양IC에서 국도 24번으로 갈아탄 후 단장/표충사 방향으로 내리자마자 램프 끝나는 지점. 펜션 영업도 한다. 055-352-8927.

장성통닭

밀양 사람들이 군에 간 아들 면회갈 때 반드시 들러야 하는 곳이 '장성통닭' 이다. 찾아가기도 쉽다. 택시를 타고 기사한테 "장성통닭 가주세요" 하면 된다. 서로 닮은 부부가 하는 집이다. 베토벤 스타일의 이중기 씨는 배달, 조영숙 씨는 조리 전문이다.

조씨는 "처음 문을 열었을 때 밀양에 통닭집이 12곳이었다. 지금은 100곳도 넘는다. 인구는 2만~3만이 줄었는데 세 집 건너 한 집이 닭집이 된 셈이다. 그래도 우린 장사가 잘된다. 문만 열면 돈이 들어온다"고 말한다. 부러우면 진다고 하지만, 솔직히 부럽다.

통닭이 다 비슷하지, 라고 생각했는데 아니다. 닭똥집이 매콤한 고추와 함께 튀겨 나와 입맛을 돋운다. 진한 갈색으로 선탠을 한 것 같은 통닭, 퍼석하지 않다. 바싹 잘 구운 생선구이를 먹는 느낌이다. 기름 맛도 전혀 느껴지지 않는다. 담백, 깔끔, 고소하다. 닭을 잘 먹지 않는 사람도 좋아할 만하다.

소스는 새콤달콤하다. 비결을 물어보았다. "우리는 옛날 재래식 양철 기름통을 그대로 쓴다. 요즘 통닭집에는 전기나 압력솥을 많이 쓰는데 깨끗하지만 맛이 안 난다." '장성통닭'도 돈을 들여 새로 기계를 설치했다가 맛이 안 나서 다 철수했단다.

"단무지도 직접 담고, 소금도 다 볶고, 소스도 직접 만든다." 이렇게 다르니 사람들이 좋아한다. 밀양 사람들은 명절 때 이 집에 들러 통닭을 사가야만 고향에 온 것 같은 느낌이 든단다.

장성통닭
통닭 1만 5천 원, 야채찜닭 1만 7천 원, 똥집 7천 원. 영업시간 오전 8시~오후 11시 30분. 경남 밀양시 가곡동 582의 6. 밀양역 가곡 삼거리 세종고 입구. 055-354-8272.

주막

늦게 태어나 후회스러운 일 중의 하나가 주막에 못 가본 것이다. 주막에서 술 시켜 먹으며 주모와 농지거리 해봤으면…. 밀양에 주막이 남아 있다. 새로 생겼다고 해야 맞겠다. 밀양 내동에 심플하게도 '酒' 자 등불 하나 달랑 밝히고 영업을 하는 집이 있다. 영락없는 주막집이다. 사람들은 '성내주식회사(城內酒食會社)' 라고 부르기도 한다.

오가는 술꾼들의 낙서가 가득하다. 이 집 단골들의 낙서가 분위기를 잘 전달할 것 같다. "밀양 술귀신이 모이는 곳", "하늘에는 천당, 밀양에는 주막이다", "조선 최고의 막걸리집", "엘레강스한 주막 마담이 있는 곳", "황천길에는 주막이 없다". 이중 백미는 이 한마디이다. '꺼으윽.' 밀양 전통 쌀막걸리가 새콤달콤하다. 매콤한 명태구이와 해물파전을 안주로 술 한잔하기에 딱 좋다.

'엘레강스' 의 주인공 배종선 씨가 외사촌 동생이자 예쁘고 입담 좋다는 연미선 씨와 장사를 하고 있다. 배씨는 "창고로 쓰던 집을 쉬엄쉬엄 고쳤다. 처음에는 소줏집이었는데 손님들의 권유로 막걸리로 바꾸고 나서 유명세를 타게 되었다" 고 말한다. 밀양 사람이 술을 따라주기에 막걸리 잔을 내밀었더니 술을 잔 바닥에 깔아놓았다고 "니가 장판집 아들이가" 라고 야단친다.

주막

안주류 8천 원대. 막걸리 5천 원. 영업시간 오후 3시~오전 2시. 경남 밀양시 내1동 구 남보극장, 남보주차장 앞. 055-354-6454.

경남의 지역별 맛집

진해

두레

진해로 오가는 길목인 용원동. 용원은 회를 먹으러 가는 곳인 줄로만 알았다. 용원의 한정식집 '두레' 에 가보고 그게 다가 아니라는 것을 알았다. 서로 돕는다는 뜻이 담긴 우리말 '두레' . 이 의미가 너무 정겹고 깨소금처럼 고소해 음식점의 이름으로 사용하게 되었단다. 마음 편하게 있다 가도록 썩 잘 꾸며진 내부를 보고 감탄했다.

녹산공단이나 신항만과 가까운 용원은 옛날에 알던 용원이 아니었다. '두레' 는 녹산공단과 세월을 거의 같이했다. 외국인들을 비롯해 녹산공단에 비즈니스 차 오는 손님들이 꽤 많단다. 미리 이야기하면 채식주의자나 이슬람교인 등을 배려한 음식도 나온다.

'두레' 의 한정식은 계절을 탄다. 봄에는 도다리쑥국, 여름 전복삼계탕, 가을 자연산 송이, 겨울 대구탕. 이런 음식들이 한정식에 포함되어 있다. 먼저 금방 구워낸 굴전에서 나는 향긋한 냄새가 또렷하게 기억난다. 돼지고기를 청국장소스, 돗나물샐러드를 된장소스로 버무렸다. 그런데 신기하게도 은은한 향기가 감돈다. 대추를 잘라서 모양을 낸 수수전. 녹차잎장아찌는 향긋하기만 하다.

조현수 대표는 처음에 이곳을 찻집으로 꾸미려다 음식점으로 바꾸었다. 곳곳에서 차향이 피어난다. 고기와 회를 먹고 나서 식사가 따로 나왔다. 찬이 조금씩 담긴 게 배려인 듯해서 마음에 든다. 청국장 맛이 특히 좋다. 밥을 비벼 먹었더니 꿀맛이다. 마무리로 갓물김치를 먹었더니 톡 쏘는 맛이 좋다. 어르신들이 마음에 들어 할 만하다. 양가 상견례장으로도 많이 활용된다.

두레

한정식 코스 2만 8천 원부터. 시골밥상 1만 5천 원. 영업시간 낮 12시~오후 10시. 첫째 일요일에는 쉰다. 경남 진해시 용원동 1195의 12. 진해시청에서 차로 15분 거리. 용원우체국 건너편 뒷집. 055-552-2462~3.

진상

옛날부터 진해만에서 잡히는 대구는 유명했다. 이 대구는 수라상에 올라 임금님도 즐겨 드셨다. 진해에 왔다면 그 유명한 대구 요리를 먹어보는 게 어떨까. 진해에 하나밖에 없는 대구요리전문점이 이동의 '진상' 이다. 손님을 임금님처럼 모신다는 뜻도 포함되었다.

대구뽈이 왜 맛이 있는지 아시는지? 대구 암수는 얼마나 볼을 비벼대며 짝짓기를 하는지 볼에 굳은 살이 배긴다. 수라상에 어울리는 느릅나무 식탁으로 안내를 받았다. 의자가 하도 육중해 몇 명이 붙어야 움직일 것 같다. '진상' 의 실내는 정갈하고, 대구뽈찜의 맛 역시 정갈하다. 주문할 때 미리 이야기하면 입맛에 맞춰 맵기를 조절해준다.

젓갈이 흠뻑 들어간 배추김치, 시원한 동김치의 맛은 훌륭했다. 처음 맛보는 대구껍데기무침이 졸깃해 아주 맛이 난다. '진상' 에서는 쉽게 맛볼 수 없는 음식들을 골라먹는 재미가 있다. 해초비빔밥은 톳, 곰피, 꼬시래기 등 계절별 8가지 해초에 효소를 넣어서 만들었다. 그 고운 색깔의 조합은 곱게 물감을 풀어놓은 팔레트 같다. 성게향은 코를 자극하고, 그 쌉쌀한 맛은 혀를 희롱한다. 매생이국도 같이 나와 맘에 든다. 봄도다리쑥탕도 뺄 수 없다. 숙성된 약된장을 넣고 끓인 봄도다리쑥탕. 그냥 탕 한 제 드시는 거다.

'진상' 송희 대표의 고향은 통영이다. 어렸을 때부터 싱싱한 해산물을 많이 먹고 자라, 이 집을 찾는 손님들에게도 그렇게 해주고 싶단다. 멸치젓까지 직접 담근다. 송 대표는 맛있는 음식의 비결로 식자재를 꼽는다. 어떤 재료를 구입하느냐에 따라 맛에서 차이가 확 난다.

진상

대구뽈찜 소(2인 기준) 2만 7천 원, 아귀찜 중 3만 8천 원, 대 4만 9천 운, 매생이국 1만 원, 해초비빔밥 1만 원. 영업시간 오전 9시 30분~오후 9시 30분. 경남 진해시 이동 650의 5. 해군체력단련장 정문 앞. 055-547-1678.

경남의 지역별 맛집

울산

도동산방

조용한 곳에서 맛있는 밥과 차 한잔 마시고 싶을 때 갈 만한 곳으로 울산의 도동산방을 소개한다. 도동산방은 석남사와 멀지 않다. 산속에 위치한 목조건물에 기와를 올린 전통한옥의 한정식집. 마당에 들어서니 바람에 흔들려 은은하게 울리는 풍경 소리가 반긴다. 옹기종기 놓인 장독 위에는 납작하게 썰어진 무가 무말랭이로 변해가고 있었다.

이 집 주인인 신미화 원장이 환한 웃음으로 맞이한다. 신씨는 이곳에서 궁중음식에 바탕을 둔 정통 우리 음식으로 승부를 건다. 장도 2년 이상 묵히지 않으면 내놓지 않는다.

그는 우리 먹을거리는 생명을 살리는 일이라고 생각한다. 자신을 "20년간 매일 아침마다 시장을 보러 다니는 사람" 으로 표현했다. 음식은 80%가 재료, 10%는 정성, 10%는 손맛이라는 게 그의 소신이다.

황토를 넣고 한지를 바른 방에 들어가니 벽 쪽으로도 문을 터 사방으로 바깥 경치를 볼 수 있게 했다. 여름에는 맞바람이 쳐서 시원할 것 같았다. 이날의 음식은 일품상 코스로 궁중음식을 기본으로 한 17가지 요리가 순서대로 나왔다.

구절판, 샐러드, 가오리무침, 전복초회, 청포묵무침, 닭선과 무말이 쌈, 게찜, 쇠고기버섯꼬치, 장어구이, 해물메밀전, 낙지볶음, 갈비찜, 버섯탕수, 과메기, 잡채 등이다. 감탄사가 절로 나왔다. 빨주노초파남보, 마치 꽃집에 온 느낌이다. 저마다 자기가 맛있다며 외치는 것 같다. 한정식은 이처럼 시각적으로 아름다워 외국인들은 처음에는 감히 손대기를 아까워한다.

쇠고기버섯꼬치는 잣가루를 뿌린 뒤 솔잎과 녹차 잎에 재워 말려 향긋하다. 과메기도 전혀 비린내가 나지 않는다. 야들야들하고 투명한 청포묵이 머릿속을 맴돈다. 식사 뒤에는 저수지가 보이는 아담한 통유리 찻방에서 전통차를 무료로 즐길 수 있다.

도동산방

점심특선 1만 원, 한정식 코스 2만 5천 원부터. 영업시간 낮 12시~오후 8시. 매주 월요일에 쉰다. 울산 울주군 상북면 산전리 50의 16. 서울산IC에서 석남사 방향으로 가다 도동교차로에 도착하면 1시 방향으로 도동산방 표지판이 보인다. 052-254-7076.

고래고기원조할매집

고래는 '인간 친화적' 인 동물이다. 호기심이 많은 돌고래가 어디 한번 누가 빠르나 경주하자는 듯이 배를 따라오는 모습은 흔하게 목격된다.

고래의 가족애는 각별하다. 한 마리가 인간에게 잡히면 나머지 가족들이 그 주위를 떠나지 않아서 몰살당하곤 한다. 고래 수놈이 잡히면 암놈은 역시나 배 주위를 맴돌다 수놈과 운명을 같이한다. 그런데 암놈이 먼저 잡히면 수놈은 그 길로 줄행랑을 친다.

장생포항 입구에 들어서니 비릿한 고래 냄새가 나는 듯하다. 고래고깃집이 많기도 하다. 한 20여 곳에 달하는데 절반 이상이 '할매집' 이라는 상호를 달고 있다. '고래고기원조할매집' 을 수소문해 찾아갔다. 할매에서 며느리로, 또다시 며느리로 3대째 이어지는, 고래고기에 관한 한 유서 깊은 집이다.

고래는 뼈와 이빨을 빼고는 버릴 것이 없다. 고래고기는 부위에 따라 맛이 다르다. 그래서 고래고기 맛은 12가지라고 한다. 꼬리와 날개 맛이 다르고 날것과 삶거나 숙성시킨 것의 맛이 다르다.

고래는 바다에서 살기 때문에 육질이 생선회처럼 부드럽고, 포유류이기 때문에 맛은 쇠고기와 비슷하다. 쇠고기의 맛과 참치 같은 고급 생선의 맛을 섞어놓았다고 보면 된다.

고래고기를 처음 먹는다면 육회를 권한다. 고래고기 육회의 맛은 쇠고기 육회와 비슷하다. 울산 배와 고래고기가 썩 잘 어울려 먹는 순간 입가가 흐뭇해진다. 주로 가슴살을 사용하는 생고기는 신선해 고추장

고래고기원조할매집

모둠 소(2~3인용) 6만 원, 대(3~4인용) 10만 원. 영업시간 오전 9시~오후 10시. 울산 남구 장생포동 335의 2. 052-261-7313.

에 찍어 먹는다. 일명 '막찍기' 라고 한다.

가슴살과 배폭살은 얼려서 참치 회처럼 먹는데 일본말로 '우네(畝)' 라고 한다. 주름이 밭고랑 같다고 해서 나온 말이다. 입에서 살살 녹는다. 꼬리를 소금에 오래 절인 뒤 뜨거운 물에 데쳐 얇게 저며 먹는 '오베기(大羽)' 는 졸깃졸깃하다. 울산에는 '오베기가 없으면 잔칫상이 아니다' 라는 말까지 있을 정도다.

수육은 내장, 갈빗살, 뱃살, 등살, 콩팥 부위 등으로 마련된다. 이 가운데 내장을 삶아 동그랗게 썬 이른바 '대창' 이란 게 있다. 양이 한정돼 귀하다고 해서 젓가락을 가져갔더니 입맛이 고약하다. 고래고기 맛을 즐기는 사람들은 '대창' 을 많이 찾는단다. 이렇게 다섯 가지가 들어간 '모둠' 을 먹으면 고래고기 한 마리를 다 먹었다고 이야기한다. 갈빗살을 넣고 끓인 매운탕(혹은 찌개)은 쇠고기국과 맛이 비슷하다. 애주가들이 속풀이로 찾을 만하다.

한참을 먹다 이 고래의 정체가 궁금해졌다. 장생포항에서 팔리는 대부분의 고래는 밍크고래다. 그런데 이 녀석은 암놈일까, 수놈일까? 알 수 없다. 고래의 생식기를 내놓는 고래고깃집은 한 집도 없다. 고래의 생식기는 선원들이 이미 선상에서 해치웠기 때문이다.

함양집

울산시 남구 신정동에는 4대째 80년 전통을 가진 유명한 음식점이 있다. 바로 '함양집' 이다. 근처에 도착하니 고소한 냄새가 골목을 뒤덮고 있다. 비빔밥을 전문으로 하는 함양집은 울산에서 가장 오래된, 가장 유명한 식당이다. 가게에 들어서니 1대부터 4대까지의 사진이 걸려 있다. 전통이 함께하니 믿을 만하다.

묵채

비빔밥을 먹기에 앞서 묵채를 맛보라고 했다. 메밀묵에 김이 뿌려져 있다. 훌훌 마시듯이 먹었더니 입맛이 살아난다. 여태 이 맛있는 전통 애피타이저를 몰랐다.

고사리와 콩나물, 시금치나물, 무나물, 미나리줄기 등이 오르고 참기름과 고추장 등을 얹은 비빔밥이 나왔다. 육회가 들어가니 진주식 같고, 미역과 전복을 보면 갯가 쪽 음식이 섞인 것 같다.

밥과 국이 모두 놋그릇에 담겨 있다. 놋쇠는 닦기에 힘이 든다. 식기세척기로 세척한 뒤 다시 손으로 닦는 정성이 대단하다. 무와 소고기, 홍합을 넣고 끓인 탕국도 맛이 있다.

15년 교사생활을 그만두고 4대째를 이은 윤희 씨는 "음식 장사가 힘든 줄 알지만 대를 잇고 싶었다. 아이들에게도 물려주었으면 좋겠다. 글로벌화된 만큼 아이들이 외국에 나가서 하는 방법도 있을 것이다"라고 말한다.

음식의 맛을 내려면 온도가 중요하다. 이 놋쇠 그릇들은 비빔밥을 담기 전에 모두 온장고에 둔다. 윤씨의 어머니 황화선 씨는 "늘 '칼클게 해라(깨끗하게 해라)' 던 1대인 시할머니(강분남)의 이야기가 지금도 생생하다" 고 말했다.

함양집

전통비빔밥 8천 원, 묵채 4천 원, 곰탕 6천 원. 영업시간 오전 11시~오후 10시. 매주 일요일에 쉰다. 울산 남구 신정3동 579의 4. 울산시청 앞 경남은행과 농협 사이 골목. 052-275-6947.

대일함흥냉면

울산시 중구 태화동에는 함흥에서 월남한 실향민 가족들이 만드는 함흥냉면집이 있다. 여기는 비빔과 물냉면을 동시에 즐기는 '두칸냉면' 으로 더욱 이름이 났다. 부산에 피란 와 살다 직장 따라 울산에 정착했다는 김영근 대표. 두칸냉면 그릇을 보여준다. 거 참 묘하게 생겼다. 비빔과 물 사이의 갈등을 해결해준 기발한 아이디어다.

김 대표는 "전국의 냉면집에서 주문이 들어오면 대박이 난다고 주물 공장에다 권유를 했다. 하지만 다른 냉면집은 전부 외면해 그 공장이 망했다"고 겸연쩍어한다.

음식은 이번에 못 먹은 걸 다음에 찾아와 먹는 여운이 있어야 하는 법. 연인들이 하나를 시켜서 둘이 나눠 먹는 바람에 김 대표도 남는 게 없다. 자꾸 찾아서 안 할 수도 없는 진퇴양난의 형편.

냉면 한 그릇의 양이 엄청 많다. 공단지역에서 장사를 하다 보니 양이 많아졌단다. 이러니 둘이 갈라 먹지. 100% 고구마 전분을 사용했다는 냉면의 면발이 다른 집과 확실하게 다르다. 탄력이 있으나 질기지 않다. 이게 함흥냉면 맛이다.

이 맛을 내기 위해 올해에 쓸 면을 지난해에 미리 가져와 말렸단다. 양념장은 경상도 입맛에 맞추어 강하게 당겨준다. 서울에서 오는 손님에게는 싱겁게 해주는 게 팁이다. 물냉면부터 먹고 비빔냉면에 손대야 먹을 줄 아는 사람이다.

대일함흥냉면
평양·함흥냉면 각 6천 원, 두칸냉면 7천 원. 영업시간 오전 10시 30분~오후 9시 30분. 울산 중구 태화동 795의 6. 학성여중 앞. 052-249-5836.

호기심 많은 분들에게는 건강식 개념의 야채냉면도 괜찮다. 쟁반냉면은 석남사 스님들이 생강 마늘 빼고 동치미 육수로 냉면을 먹는 방식을 배워 만든 메뉴다. 세상에서 가장 화려한 냉면이다. 가족 단위로 오는 손님들 중에 칠순 노인이나 미취학 아동이 있으면 밥값을 받지 않는다. 많이 베풀어야 성공하는 모양이다.

본정

울산에는 일본 우동 못지않은 전통과 맛을 지닌 우동집이 있다. 울산시 남구 달동의 '본정' 은 3대째, 50년 전통의 우동을 자랑한다. '본정' 이종원 대표에게 우동 이야기를 들었다.

이 대표의 할아버지는 일본 히로시마에서 우동 만드는 기술을 배워왔다. 고향인 충북 청주에서 50년 전부터 우동 장사를 했는데 얼마나 문전성시를 이루었던지 모르는 사람이 없었다. 할아버지, 아버지에 이어 지금은 그의 형이 청주에서 대를 잇고 있다.

이씨는 울산에 음악교사로 내려왔는데 우동이 늘 그리웠단다. "우동 한 그릇 먹으러 청주까지 가야 하나?" 그러다 2004년에 우동집을 아예 차렸다. '본정' 의 우동 육수는 멸치 국물에 다시마, 가다랑어를 사용한다. 우동 국물 맛이 깔끔하고 시원하다. 그 국물 맛이 자꾸 생각이 난다. 이렇게 여우에게 홀리듯이 입맛을 홀린다고 해서 '여우우동' 이라고 부른단다.

우동 못지않게 메밀국수도 이름이 났다. 냉메밀 맛을 보니 시중에 파는 판메밀과는 끝 맛이 다르다. 면이 매끌매끌한 느낌이어서 좋다.

육수도 맛이 있다. 사람들이 찾는 데는 다 이유가 있었다. 여름 우동, 겨울 메밀이 더 맛이 있단다.

한여름철 3시에서 5시까지는 장사를 하지 않는다. 몸이 피곤하면 음식의 맛이 떨어지기 때문이다. 이 대표는 "처음 시작할 때 마음을 잊지 않겠다는 뜻으로 가게 이름을 '본정'이라고 지었다. 음악이나 요리나 손끝에 내 마음을 담는다는 면에서 똑같다. 맛의 기본을 지키는 걸 사명으로 생각하고 있다"고 말했다. 이 집에서 식초를 달라면 냉면집으로 가라고 야박하게 대꾸하니 조심하자. 만두와 돈가스도 맛이 있다.

본정

우동 중 5천 원, 메밀 중 6천 원, 돈가스 7천~7천500원. 영업시간 오전 11시~오후 8시 30분. 매주 일요일에 쉰다. 울산 남구 달동 1319의 13. 울산 남구청 바로 뒤편. 052-268-1164.

경남의 지역별 맛집

거제

백만석

거제의 음식점 가운데 굳이 가장 유명한 곳을 꼽자면 '백만석' 이다. 생각보다 큰 건물에는 'TV에 32차례 방영되었다' 고 플래카드를 붙여놓았다. '거제시를 대표하는 향토음식점의 명예를 지키기 위해 최선을 다하겠다', '입에 안 맞으면 식사 중이라도 이야기해주면 다른 메뉴로 대체해주겠다' 는 자신감도 대단하다.

거제 시내에는 멍게비빔밥을 한다고 내건 집이 수도 없이 많다. 먹어보면 다르다. "멍게비빔밥 다른 데서 먹어보니 별 게 아니던데…." 이런 선입관을 깨는 게 백만석에 남은 유일한 과제란다. 날 것이 아니라 양념을 한 멍게를 반숙성시킨 뒤 살짝 얼려 네모꼴로 만들었다. 여기다 참기름, 깨소금, 김 가루만 넣고 따끈따끈한 공깃밥에 쓱쓱 비빈다. 냄새가 고소하기도 해라. 이게 서로 어울려 간이 딱 맞아진다. 쌉싸래한 멍게비빔밥이 입에서 살살 녹는다. 입맛을 돋우기에는 멍게비빔밥만 한 게 없겠다.

고등어구이, 싱싱한 굴이 듬뿍 든 깍두기, 톳나물도 좋았다. 무엇보다 생선국이 좋다. 비빔밥 종류를 시키면 살아 있는 생선을 잡아 맑은 국으로 뚝배기에 1인분씩 곁들여 나온다. 비린내가 없고 담백해서 먹고 나면 개운하다. 우럭 맑은 국의 살은 탱글탱글, 졸깃졸깃하다. 맛은 해삼내장비빔밥이 더 고급스럽고 오묘하다. 해산물은 비려서 못 먹는다는 사람들을 위해 거제나물비빔밥도 있다. 비리다고 안 먹으면 후회할 것 같다.

백만석
멍게비빔밥 1만 2천 원, 해삼내장비빔밥 2만 2천 원, 성게비빔밥 1만 5천 원. 영업시간 오전 10시~오후 9시 30분. 경남 거제시 상동동 960. 포로수용소유적관 출구 바로 옆. 055-638-3300.

거제도굴구이

국내 굴지의 굴 산지 거제에 왔으면 굴구이를 좀 먹어줘야 한다. 거제에는 굴구이 집이 '쌔고 쌨다'. 그중에서 현지인들이 많이 찾는 곳으로 손꼽히는 '거제도굴구이'를 찾아갔다. 근처에만 가도 굴구이 집을 알리는 특유의 비릿한 냄새가 난다.

오후 2시가 넘은 시간인데 사람들이 많아서 줄까지 선다. 실내는 굴 굽는 열기로 후끈하다. 굴 좋아하는 사람들이 이렇게 많았나? 힌트가 있다. "굴은 남자를 위해서 여자가 먹는다", 또 "여자를 위해서 남자가 먹는다"고 적혀 있다.

뒷주머니에 불 권총을 꽂고 다니는 여사장님이 굴 까먹는 요령을 설명한다. "왼손에는 장갑을 끼고, 국물은 따라내고, 껍데기는 테이블 밑 쓰레기통에 담으면 됩니다. 실시!"

굴은 더할 나위 없이 싱싱하다. 굴 자체에 바다의 맛이 그대로 들어 있었다. 그래서 초장에 찍어 먹을 필요도 없었다. 굴을 김에 싸먹어도 괜찮았다. 열심히 까먹다 굴 좋아했던 분들 생각이 났다. 카사노바는 매일 저녁 식사 때 50개의 생굴을 먹었다. 독일의 초대 재상인 비스마르크는 한꺼번에 175개의 굴을 먹었다는 기록이 있다. 시저나 나폴레옹도 굴을 엄청 좋아했단다.

거제도굴구이

굴구이 한 판 2만 2천 원, 굴회무침 1만 5천 원, 굴튀김 1만 5천 원, 굴전 1만 5천 원, 굴국밥 6천 원, 굴죽 2천 원(굴구이 드신 분 한정). 영업시간 오전 10시~오후 10시. 경남 거제시 거제면 서정리 734의 19. 거제제일고 맞은편. 055-632-9272.

이 집은 저녁에 와서 술 한잔하기에 좋아 보인다. 국밥, 전, 해물찜, 튀김 등 굴로 하는 음식의 종류도 많다. 굴죽의 맛은 평범하다. 굴구이는 한 판만 시키면 둘이 먹기에 아주 푸짐하다. 정신없이 먹다 보니 겨울인데도 땀이 줄줄 흐른다.

천화원

'천화원' 에 갈 때 주의사항. 양이 적다고 타박해서는 안 된다. 주면 주는 대로 먹어야 한다. 불친절하다고 뭐라고 해서도 안 된다. 누가 와도 절대 존댓말을 하는 법이 없다. 우리말이 좀 서툴러 보이니 이해하시라. 가게는 낡았고 테이블은 6개에 불과하다. 이런 거 저런

거 따지려면 안 가는 게 맞다. 음식 맛만 있으면 다른 건 눈감아줄 수 있다는 소수의 음식 마니아들에게 추천하는 집이다.

1951년 10월 개업, 60년 전통을 자랑한다. 화교였던 부친은 홍남에서 중국집을 하다 1·4 후퇴 때 거제로 내려왔다. 다른 화교들은 다 부산으로 떠났지만 거제가 좋아서 남았단다. 대를 이은 아들이 스물 무렵에 시작해 이제 예순이 넘은 중국집 요리사가 되었다. 오픈된 주방을 통해 불을 다루는 요리사의 모습이 보인다.

먼저 탕수육이 나왔다. 탕수육은 싱싱한 재료를 사용해 굉장히 심플하게 만들었다. 고기, 당근, 양파가 모두 살아 있는 느낌이다. 담백한 중화요리도 이 세상에 있다. 겉은 아주 바삭한데 속에서는 마치 스지(소 힘줄)를 씹는 듯한 졸깃한 식감이 난다. 새콤달콤한 국물까지 싹싹 긁어먹게 된다.

탕수육도 좋았지만 삼선짬뽕에 더욱 감탄하고 말았다. 우선 향이 일품이고, 내용물은 싱싱했다. 나가사키 짬뽕 같은 느낌도 있다. 시뻘

천화원

탕수육 2만 1천 원, 삼선짬뽕 7천 원, 유니자장·짬뽕 5천 원. 영업시간 오전 11시 30분~오후 8시. 경남 거제시 장승포동 232의 29. 거제수협 앞, 장승포 우체국 옆. 055-681-2408.

건 국물의 짬뽕을 이제는 잊어야겠다. 한약재처럼 짙은 색깔의 시원한 국물은 예술이다. 자장면도 춘장의 단맛이 적고 식후에 끈적끈적한 느낌이 없어서 좋았다.

양지바위횟집

혹시 전날 한잔해서 해장이 필요하다면 '강추' 할 만한 집이 있다. 대구탕을 잘하는 '양지바위횟집' 이다.

대구탕은 찬바람이 부는 겨울에 온몸을 훈훈하게 해준다. 해장국으로 먹으면 시원하고 주독이 잘 풀린다. 거제 대구는 최고의 '완소어' 이다.

양지바위횟집은 대구가 많이 잡히는 거제 일대에서도 대구 요리가 맛있다고 소문이 났다. 이 집은 만화 『식객』에도 대구 이야기의 배경이 되었다.

대구탕을 시키자 나온 반찬 좀 보소. 큼직하고 싱싱한 생굴, 호래기, 새우, 파래무침…. 그때그때 바뀐다지만 이건 반찬이라기보다는 안주 같다. 대구탕의 국물은 몹시 시원하다. 아무것도 넣지 않았는데도 이런 국물이 나온단다. 싱싱한 대구를 많이 넣으면 소금 간에 파 마늘만 넣어도 이런 맛이 난다. 매일 새벽 경매에서 싱싱한 대구를 가져오는 게 비결인 모양이다. 졸깃한 대구 살을 씹으니 살맛이 난다.

이런 대구 살과 곤이가 한가득이다. 어제 술을 더 마실 걸 그랬다. 지금까지의 대구탕은 잊어도 좋다.

어떻게 알고 외지에서도 많이 찾는다. 향긋한 연잎을 돌돌 말아 쪄낸 대구연잎찜이나 대구김치찜도 반응이 좋다. 대구탕은 음력설까지 한다.

봄에는 도다리쑥국과 멸치회, 여름에는 삼치와 하모를 위주로 한다. 거제수협 외포 어판장이 근처에 있어 대구 말리는 모습도 흔하게 볼 수 있다.

양지바위횟집
대구탕 1만 5천 원, 대구김치찜 · 대구연잎찜 1만 5천 원. 영업시간 오전 11시~오후 9시. 경남 거제시 장목면 외포리 1853의 41. 외포 어판장 입구. 055-635-4327.

평사리

거제 하면 또 유자가 유명하다. 유자와 치자 같은 거제에서 나는 재료를 이용해서 음식을 하는 집이 있다고 해서 찾아갔다. '평사리'는 넓은 마당에 바다가 바로 보이는 전망이 멋진 곳이다. 가족끼리 편안하게 놀러오기에 안성맞춤일 것 같다. 메뉴도 닭, 돼지, 오리 고기 등 다양해 골라먹으면 된다. 골고루 맛보려면 '평사리특선'이라는 한정식을 먹어보라고 했다.

어디선가 향긋한 유자향이 났다. 거제 말로 '몽떡'이라 부르는 유자떡찜에서 나는 향이다. 노랗게 물들인 가래떡 위에 빨강, 파랑 파프리카로 멋을 내고 유자소스를 올렸다. 그 맛과 향기는 먹어보지 않으면 모른다. 궁중떡볶이보다 백 배쯤 나은 것 같다. 차라리 이런 걸 세계화해야 한다. 파래를 넣고 구운 파래전은 고소하다. 굴전도 특이하다. 안에는 굴을 넣고 밖에는 계란을 덮어 유자소스를 찍어 먹도록 했다. 생각해보면 이게 다 로컬푸드이다.

오리훈제와 보쌈 같은 '육군'과 '공군', 해물들깨찜과 생선구이 같은 '해군'이 물샐틈없이 상을 메운다. 노란색이 고운 치자밥이 결정판이다. 여기다 들깨칼국수까지 나오니 몸에 좋은 것은 다 먹은 셈이다. 갯가 음식인데 짜지 않아서 좋다. '거제의 바닷가에 사는 그 여인'(손님이 지어주고 간 시에 나오는 내용)이 궁금하다. 정현정 대표는 "약선 요리를 하고 싶어 공무원 생활을 접고 음식점을 열었다. 음식에 녹차를 많이 쓰고 편안한 음식을 추구한다"고 말한다. '평사리'에서 내려가면 바로 바다로 이어진다.

 평사리

한정식 1인 2만 원, 들깨녹차칼국수 8천 원, 녹차훈제오리 한 마리 4만 5천 원. 영업시간 오전 10시~오후 10시. 1, 3주 화요일 휴무. 경남 거제시 동부면 오송리 308의 3. 055-635-7667.

경남의 지역별 맛집

통영

한바다

다찌집을 모른다면 진정한 술꾼이라고 할 수 없다. 소주 1병에 1만 원으로 비싸지만 안주가 한 상 가득히 나온다. '술꾼들의 천국' 인 셈이다. 통영시 곽동실 홍보행정담당은 "다찌집은 술을 많이 마시는 통영 사람들을 위해서 만들어진 특유의 술 문화이다. 외지 사람들이 가서 술은 별로 안 마시고 안주만 많이 달라고 하면 수지가 맞지 않는다. 그래서 외지에서 취재하러 가도 별로 환영을 하지 않는다" 고 했다.

통영의 다찌집으로는 울산다찌, 명촌식당을 비롯해 알려진 집들이 꽤 있다. 그중 통영 사람들이 잘 간다는 북신동 '한바다' 에 가보았다. 세 사람이 가서 일단 "소주 1병, 맥주 2병이요" 했더니 주문이 잘못 되었다고 한다. 여기서 주문은 "소주 3병, 맥주 5병" 이라는 식으로 통 크게 해야 한다. 그래서 통영이다.

통영 사람 2명이 다찌집에 오면 평균 소주 5병, 3~4명이 오면 10병 가까이 마시고 간다. 이런 방식이 싫다면 기본 10만 원 상에 소주와 맥주가 3천 원씩 추가되는 '스페셜' 로 시켜도 된다. 술 주문받는 방식이 독특하다.

얼음통에 담아온 술이 보기만 해도 시원하다. 기다리던 술상이 들어온다. 문어, 서대, 새우, 고둥, 옥수수, 완두콩, 호박, 톳국, 파전, 열무김치, 나물비빔밥…. 그 종류가 많기도 하다. 술상에 비빔밥이 안주로 오른 것은 처음 보았다.

두부, 미역 · 무 · 박 · 가지 · 고사리 · 톳나물, 탕국까지 버라이어티다. 홍합과 된장을 넣어 만들었다는 청각무침. 그 구수한 맛에 자꾸 손이 나간다. 눈같이 하얀 게장이 들어와 입에서 살살 녹는다. 또다시 볼락회가 들어온다. 호래기를 비롯해 조개와 고둥류가 또 들어왔다. 상에 오른 고둥이 무슨 고둥이냐고 묻자, 어느 통영 사람이 맵싸하니까 '맵싸고둥' 이라고 답한다. 통영의 술 문화는 이런 식이다. 눈볼대, 볼락 구이도 맛이 있고, 갈치내장젓갈도 맛있다.

매운탕이 나오느냐고 물었다. 김미숙 대표는 "매상이 10만 원이 넘으면 뭐든지 나온다. 이 시간부터 원하는 대로 해준다"라고 한다. 이렇게 통영의 밤이 깊어갔다.

한바다

1인당 2만 5천 원, 소주 1병 추가시 1만 원. 영업시간 오후 3시~오전 1시. 매주 일요일에는 쉰다. 경남 통영시 북신동 693의 10. 055-643-7010.

한일김밥

일반 김밥과 다른 충무김밥은 어떻게 탄생했을까? 통영에서도 처음에는 일반 김밥을 팔았다. 하지만 유난히 햇살이 따가운 통영에서 김밥은 금방 쉬어버렸다. 그래서 사람들은 밥과 반찬을 분리해 팔기 시작했는데 이게 충무김밥의 유래가 되었다.

특히 1970년대에 충무김밥은 통영 일대에서 많이 잡힌 갑오징어를 사용해 더욱 맛이 좋았다. 무김치도 젓갈을 듬뿍 넣어 만들었다. 충무김밥이 전국적인 명성을 떨치게 된 데는 충무김밥을 잔뜩 들고 '국풍81' 에 참가한 항남동 놀이마당 앞의 '원조 뚱보 할매' 의 공이 크다고 한다.

이 집은 유명세 탓에 지금도 문전성시를 이루고 있다. 통영 사람들은 한일, 동진, 제일 김밥집의 충무김밥을 즐긴다. 한 택시기사는 "원조집에는 가만히 있어도 전국에서 손님이 몰려들지만 나머지 집들은 살아남기

한일김밥
김밥 1인분 4천500원. 영업시간 오전 6시~자정. 경남 통영시 항남동 1의 7. 055-645-2647.

위해 고춧가루 하나라도 더 넣지 않겠느냐" 고 말한다. 일리가 있다.

항남동 문화마당 농구골대 앞의 한일김밥집에 들어가 보았다. 30년 전통의 한일김밥집은 5층 건물의 3층까지를 매장으로 사용하고 있었다.

이곳 본점 외에도 큰아들은 북신동에서 북신점, 작은아들은 시외버스터미널 앞에서 죽림점을 하고 있다. 본점은 주인 김향자 씨가 딸과 함께 경영하고 있다. 김씨에게 몇 남 몇 녀를 두었냐고 물으니 하도 바빠서인지 1남 2녀라고 말했다가 2남 1녀라고 수정해준다. 김밥으로 빌딩을 올린 집이다.

할매우짜

통영에서 또 하나, 꼭 한 번 먹어봐야 하는 음식이 '우짜' 이다. 우짜는 자장면을 먹으면서도 국물을 함께 먹고 싶다는 욕망으로 탄생한 음식이다. 우짜는 40년의 전통을 지녔다. 먹을 것도 별로 없고 어려운 형편일 때 먹었던 음식이라는데 이게 요즘 인기가 있다.

통영에는 우짜집이 두 곳 있다. 24시간 영업으로 통영의 술꾼과 여행객들에게 인기 높다는 '항남우짜' 와 '할매우짜' 가 있다.

할매우짜를 찾아갔다. 10명이 앉기도 어려운 가게를 어떻게 알고 각지에서 찾아오는지 모르겠다. 우짜를 입에 넣었다. 참 별미이다. 이 맛은 아무리 생각해도 설명하기가 어렵다. 이 우짜 맛이 두고두고 생각이 나 어떤 사람이 중국집에 가서 자장과 우동을 한 번 섞어 먹어보니 영 맛이 아니더란다.

이곳에서 만난 또 다른 별미 하나. 오래전에 헤어진 음식인 빼떼기죽이다. 요즘은 모르는 사람이 너 많은 빼떼기죽. 고구마를 채로 썰고 말린 후에 팥, 조, 찹쌀, 강낭콩을 넣고 저어가며 끓이면 빼떼기죽이 완성된다. 통영의 고구마는 당도가 높고 수분이 알맞게 들어 있어 맛이 일품이다. 예전에는 가난의 상징이었다면 지금은 웰빙음식이라고 할까.

할매우짜

우짜 3천500원, 빼떼기죽 3천 원. 영업시간 오전 5시~오후 6시. 경남 통영시 서호동 177의 423. 서호시장 안에 있다. 055-644-9867.

마산

경남의 지역별 맛집

토담집

'통술집' 은 1970년대 마산 오동동과 합성동 뒷골목에서 생기기 시작했다. 마산어시장에서 싱싱한 해산물을 싸게 구입해 푸짐하게 음식을 내놓으며 유래가 되었다. 지금까지 오동동 통술골목에도 옛 명성을 이어가는 통술집이 남아 있다. 하지만 사람들의 마음은 신마산 통술거리로 이동한 모양이다.

마산 시청을 통해 소개받은 '토담집' 으로 향했다. 통술집에는 메뉴판이 따로 없다. 술을 시키면 안주가 따라나오는 방식이다. 통술집에 가기 전에 저녁 식사는 금물.

간장게장, 뿔고둥, 고구마와 밤, 부침개와 물김치가 일등으로 나왔다. 전복, 개불, 가리비, 멍게, 새우 등 해물이 한 접시에 들어왔다. 낙지와 대구알탕이 나오며 술자리는 본격 대회전에 들어갔다.

"통술집은 술을 통에 넣고 먹는 집인 줄 알았어요." 서울에서 내려왔다는 여자 손님의 목소리가 옆 좌석에서 들려왔다.

아니다. '통술' 은 싱싱하고 푸짐한 각종 해물 안주가 한 상 통째로 나오는 술상이다. 가짓수도 많지만 특히 안줏거리의 신선도를 이야기하지 않을 수 없다. 개불과 낙지는 칼질을 당했건만 끈질기게 살아서 꿈틀거린다. 개불이 초장을 만나자 더욱 힘이 세어져 딱딱해지는 모습을 처음 보았다. 술상에 입맛 당기는 안주가 가득한 데도 술자리가 끝날 때까지 맛있는 안주들이 계속 줄을 잇는다.

이곳에서 10년 넘게 장사를 하고 있다는 전영옥 씨가 혼자서 새 안주를 들고 부지런히 들락거린다. 전씨는 "통술은 계절음식으로 계절에 따라 음식의 종류가 바뀐다. 주 메뉴는 해물이고 그날그날 상이 다르다" 고 설명한다.

예를 들어 생선회만 해도 돔은 사시사철 오르지만 봄에는 도다리, 여름에는 노래미, 가을에는 전어, 겨울에는 가오리라는 식이다. 마산 통술과 비슷하게 통영에는 다찌집, 진주에는 실비집이 있다.

곧이어 갈치와 볼락 구이가 들어왔다. 알밴 갈치가 어찌나 입에 단지 모르겠다. 가만 생각해보니 음식이 생각 없이 들어오는 게 아니라 술 마시기 좋게 궁합이 다 맞는다.

아직 끝이 나지 않았다. 술 마신 속을 다스리라고 영계 반 마리를 넣은 뜨거운 반계 삼계탕이 나왔다. 국물이 진하디진하다. '이 삼계탕만 먹어도 얼마인데…' 라는 미안한 마음이 들었다. 배는 이미 불렀지만 가자미구이가 나오니 다시 손이 갔다.

토담집
2인 4만 원, 3인 4만 5천 원. 소주 5천 원, 맥주 4천 원. 영업시간 5시부터. 경남 마산시 두월동 1가. 055-248-3400.

이제 슬슬 일어나야겠다고 생각하는데 마산의 명물 아귀찜, 넙치 육수로 만들었다는 미역국수제비가 나왔다. "이제 제발 그만 가져오세요!"

신마산 통술거리 통술집

택시를 탈 경우 신마산 통술거리(두월동)로 가자면 된다. 통술집은 음식이 나오는 방식이 비슷하지만 업소에 따라 가격이나 메뉴가 조금씩 다르다.

뜨락실비식당(055-222-2837), 서호식당(055-247-6673), 송아식당(055-243-6864), 예원(055-246-2862), 갑주(055-222-7400), 석민(055-243-5155), 담소식당(055-243-2062), 수국(055-242-6660), 한바다(055-223-6767), 묵도리식당(055-222-1132), 럭키식당(055-224-1145) 등이 있다.

경남의 지역별 맛집

남해

남해별곡

남해스포츠파크 옆 서상에서 예계 가는 길에는 '남해별곡' 이라는 이름난 맛집이 있다. 매화, 개나리, 벚나무를 따라 올라가니 통나무와 황토로 지은 소박한 집이 드러난다. 멀리서 찾아온 손님을 잘생긴 시베리안 허스키가 반긴다. 경치 한번 좋다. 장밋빛으로 물들어가는 저녁노을이 일품이어서 해질녘에 방문하는 게 가장 좋단다.

별실에 자리 잡으니 삼 면이 통유리여서 시원하기 그지없다. 창가에서 보이는 여수 쪽 바다 풍경이 일품이다. 뭘 먹을까. 서대구이정식이나 갈치구이정식도 좋아 보인다. 구이를 잘하는 집이라고 했다. 찰지며 고소한 두부로 만든 우리콩두부보쌈(중 2만 5천 원)도 좋다. 여기까지 왔으니 이 집의 대표 주자 산낙지가마솥볶음을 안 먹어볼 수 없다. 참, 별미가 한 가지 더 있다. 직접 만든 유자 막걸리이다. 기다리는 시간이 마냥 행복하다.

멸치볶음, 미역나물, 동치미, 시금치나물, 해초무침, 파래무침, 호박나물, 김치가 상에 올랐다. 그렇게 정갈할 수 없다. 주인장의 성격이 상 위에 그대로 나타난다. 반찬 하나하나에 정성이 듬뿍 들었다. 진한 유자 막걸리는 새콤한 게 입에 착착 감긴다. 노란 유자로 담았는데 어째서 검은빛이 날까.

노릇노릇하게 구운 서대구이는 최고다. 밥 위에 한 점 올려놓고 먹으니 살살 녹는다. 산낙지가 등장했다. 낙지라고 하기에는 체격이 커서 돌문어 같다. 인근 어시장에서 경매를 받아왔다는 낙지가 뜨거운 불 위에서 꿈틀댄다. 삶의 의욕도 같이 꿈틀댄다. 참 잘 먹었다.

이 집 류경완 대표가 대단한 미식가라더니 역시나이다. 황토방에서 숙박도 가능하다. 작은방(3~4명) 숙박은 5만 원. 개나리는 피고 벚꽃이 피기를 기다리는 중이다. 4~5월이 되어 꽃이 만발하면 정말 좋단다.

남해별곡

서대구이정식 1만 원, 갈치구이정식 1만 3천원, 산낙지가마솥볶음(2인분 3만 원). 영업시간 오전 10시~오후 10시. 경남 남해군 서면 서상리 1640의 1. 055-862-5001.

경남의 지역별 맛집

의령

제일소바

소바는 메밀가루로 만든 국수를 뜨거운 국물이나 차가운 간장에 무, 파, 고추냉이를 넣고 찍어 먹는 일본 요리를 말한다. 의령소바가 어떻게 이름이 났을까. 알고 보니 의령소바는 일본에서 영향을 받았다. 일제 강점기가 끝나고 의령으로 돌아온 한 할머니가 일본에서 배워온 소바를 퍼뜨려 의령소바의 원형이 된 것이다.

알고 보면 조선에서 건너간 원진 스님이 일본에 메밀과 밀가루를 섞어 국수 만드는 방법을 가르쳐줘 지금처럼 일본에 소바가 퍼지게 되었다. 세상은 돌고 돈다.

의령소바로 이름난 '제일소바'에 찾아갔다. 우선 냉소바와 비빔소바를 하나씩 시켰다. 냉소바에는 살얼음이 깔리고 쇠고기장조림, 오이, 배 등이 고명으로 올라온다. 비빔소바도 쇠고기장조림이 국수와 같이 씹혀서 고소하고 든든하다. 국수만 먹을 때의 허전한 마음이 사라졌다.

제일소바

소바, 비빔소바, 냉소바 모두 6천원. 영업시간 오전 9시~오후 8시 30분. 경남 의령군 의령읍 중동리 394의 44. 055-572-3863.

다 먹고 나서야 잘못 시켰다는 사실을 알았다. 의령소바는 따뜻한 국물에 말아먹는 온소바를 먹어야 한다. 육수부터 다르다.

냉소바는 소뼈, 온소바는 멸치 육수를 사용한다. 따뜻하게 나온 의령소바는 멀리서부터 진한 멸치 육수의 냄새가 진동을 한다. 이 육수를 먹고 해장을 하기 위해서 줄을 선다는 말이었다.

그런데 좀 전에 가져온 멸치 육수를 부었는데 육수 맛이 달라졌다. 따뜻한 의령소바의 육수에서는 향긋하며 전혀 다른 맛이 난다. 어찌 된 일일까.

제일소바 박시춘 대표는 "수프만 끓이면 맛이 없듯이 장조림, 파, 시금치, 면에서 국물이 우러나와 궁합이 잘 이루어진 맛이다" 고 설명한다. 멸치 국물에 장조림 국물을 섞어 육수가 되고, 재료들이 같이 어우러져 의령소바의 국물 맛이 된다. 재료가 서로 어울려야 의령소바이다.

주말이면 가게 앞으로 사람들이 줄을 서는데 90%가 객지 손님이다. 의령에는 제일소바를 비롯해 의령소바집 세 곳이 있다. 의령 근처만 가도 그 향기가 날 것 같다

카페를 찾아서

카페를 찾아서

커피&카페 이야기

물설고 낯선 조선 땅을 밟은 것은 지금으로부터 120년 전인 1890년대였습니다. 사람들은 새까만 탕국 같은 모습의 저를 보고 신기해하며 '양탕국' 이라고 불렀습니다. 한동안 사람들은 쓰디쓴 맛의 양탕국을 왜 마시는지 이유를 몰랐습니다. 회충약이라는 괴소문이 돌며 각광을 받은 적도 있습니다. 저를 마시면 다리가 날씬해진다는 소문이 나기도 했습니다(이건 아마도 다방 카운터 아가씨의 각선미 덕분일 겁니다).

짐작하셨겠지만 저는 커피입니다. 당신은 오늘 아침에도 저에게 입을 맞추고 하루 일을 시작하셨겠지요. 2차 대전 말기에 커피 수입이 막히자 우리 조선의 커피 애호가들은 고구마나 백합근, 또는 대두 따위를 볶은 뒤 사카린을 넣어 만든 즙을 마시며 금단 현상을 달랬습니다. 과연 이 사이비 커피에서 어떤 맛이 났을지 궁금합니다.

혹시 예전에 한국에만 있었던 '모닝커피' 를 기억하시나요? 이걸 아는 당신의 나이도 참 만만찮으시군요. '모닝커피' 는 뜨거운 김이 모락모락 피어나는 커피에다 날계란 노른자를 풀고, 그 위에 참기름을 한두 방울 떨어뜨려 만듭니다. 휘휘 저어 마시면 속이 든든해지며 해장에는 아주 그만이었습니다. 사무실로 모닝커피 배달 오던 짧은 치마 미스 김은 지금 어디서 뭘 하고 있을까요.

저에게 한번 빠지면 강한 중독성 때문에 벗어나기가 무척이나 어렵습니다. 5 · 16 군사정권은 다방에서 커피 대신에 생강차나 다른 차를 먹으라고 강권했습니다. 한때는 커피망국론까지 나오고, 밥보다 비싼 커피를 마시는 여성을 '된장녀' 라는 이름으로 비난하기도 했습니다.

거리를 걷다 제가 얼마나 사랑을 많이 받고 있는지 새삼스럽게 느꼈습니다. 통계를 보면 최근 커피 소비는 국민 1인당 연간 300잔에 이른답니다. 또 2015년에는 400잔으로 증가할 것이라고 합니다. 가히 '국민음료' 라고 해도 손색이 없습니다. 요즘 동네 사랑방 같은 생활 밀착형 카페들이 늘어나서 정말 즐겁습니다.

그런데 저분, 커피 시켜놓고 아까부터 인터넷 하느라 정신이 없으시군요. 앞에 계신 일행은 안중에도 없어 보입니다. 저러면 안 되는데…. 이번에는 제가 묻겠습니다. 커피는 어떤 의미이고, 당신은 왜 카페에 갑니까. 제한시간은 따뜻한 커피가 식기 전까지입니다.

카페를 찾아서 커피 마시기에 좋은 카페

모리

한 나무에서 자라도 커피 열매가 맺는 시기는 서로 다르다. 그러니 커피는 천차만별일 수밖에 없다. '모리'는 '나무 빽빽할 삼(森)'의 일본말이다.

모리라는 이름의 로스팅 핸드드립 전문 커피집에 들어서니 조용한 가운데 커피향만 그윽하다. 커피나무 숲이라도 들어온 것일까. 모리는 로스팅한 지 보름 이내의 신선한 원두만을 사용한다. 널찍하다 못해 마루 같다는 느낌이 드는 바(이건 비현실적인 감각이다)에 앉으니 느긋한 마음이 든다.

몇 년 전 모리의 김옥영 대표를 동대신동의 로스터리 커피숍 '휴고'(지금은 동생 김호영 씨의 가게)에서 처음 만났다. 그때 김 대표에게 어떤 커피를 좋아하느냐고 묻자 "만데린은 남자의 커피다. 쓴맛 뒤에 고소한 맛이 강해서 좋다"고 대답했던 기억이 났다. 지금은 어떠냐고 다시 묻자 "천상의 맛 같은 커피 맛을 한 번 맛보았는데 그 뒤에는 잘 안 된다"고 고백한다. 커피 맛이 늘 같지 않으니 언젠가는 그 맛을 보게 될지 모르겠다. 김 대표는 또 "커피는 볶는 사람의 철학이 담기느냐 마느냐로 맛이 달라진다"고 이야기했던 기억이 난다.

그는 낭만주의자로 알려졌다. "10여 년 하던 장사를 때려치우고 유럽에 놀러가 이탈리아 밀라노에서 걷는데 뒤에서 누가 부르는 것이다. 뒤를 돌아봤는데 아는 선배였다." 그렇게 이탈리아에 3년을 죽치면서 하루에 에스프레소를 5잔 이상 마시는 이탈리아인들의 커피 문화를 넘보았는데 그들은 전혀 젠 척하지 않았다.

그는 커피가 지나치게 부풀려지는 게 싫다. 커피 공부 좀 했다고 길 커피 가게에 가서 잘난 척하지 말아달라고 당부했다. 커피가 와인처럼 되지 않을까 두렵단다.

커피는 음식처럼 원료가 가장 중요하다. 커피 맛은 생두가 80%, 볶는 기술이 15%이다. 나머지는 커피를 추출하는 실력 2~3%, 물맛과 잔의 온도 그리고 주변 여건 2~3%에 불과하다. 물론 같은 원두라도 볶는 정도에 따라 다르다. 덜 볶으면 신맛, 많이 볶으면 쓴맛이 난다.

모리
영업시간 오전 11시~오후 11시. 부산대 앞 부산은행 사거리에서 장전동 방향 50m 왼쪽. 051-517-5127.

구름나무커피

커피를 마시기만 하지 커피가 어떻게 만들어지는지 잘 모른다. 해발 2,000m 고지의 산등성이에 드리운 구름은 좋은 커피를 위한 최상의 기후 조건이 된다. 고산지대에서 탄생한 아라비카 커피는 가난한 커피 농부 가족들에게 삶의 터전이자 희망이다.

삼성물산에 다니며 무역 일을 하던 박재범 씨는 쓸데없이(?) 그런 일에 관심이 많았다. 결국 2009년 9월 부산대 앞에 공정무역 커피가게 '구름나무커피'를 열고 말았다. 공정무역커피는 공정한 가격에 커피를 거래해 적정한 수익을 농가에 돌려주자는 '착한 소비 운동'이다.

공정무역커피는 몰라도 이 집 커피가 맛이 있다는 사실은 이제 웬만큼 알려졌다. 에티오피아산 이르가체프 커피 한 잔에 하루의 피곤함이 달아났다.

커피란 무엇인가. 박 대표는 "커피는 생활이다. 커피는 소통의 매개체로서 필요하다"고 말했다. 그는 가게를 열고 얼마 안 돼 신경질이 나서 가게 안의 무선 인터넷을 확 끊으려고 했단다. 서로 소통하라고 어렵게 만든 공간에 와서는 노트북이나 스마트폰만 들여다보는 사람들로 속이 상해서였다.

"여기는 아날로그가 얼마나 소중한지 알아가는 공간인데 이곳마저 점점 디지털화되어 가는 게 정말 아쉬웠다." 6개월쯤 지나니 안심이 되었단다. 사람들은 여전히 아날로그적 가치를 소중하게 여기고 있었다.

구름나무커피
영업시간 오전 11시~오후 11시. 부산 금정구 장전동 389의 15. 부산은행 장전동 지점서 구서동 방향 첫 번째 횡단보도서 좌측 70m. 051-516-7179.

비가 오는 날이면 시키지 않아도 우산꽂이에 우산을 정리하고 들어왔다. 화장실의 두루마리 휴지도 늘 보기 좋게 삼각형으로 접혀 있다. 소통이 되는 것이다.

이곳에서는 바쁠수록 느린 음악을 틀어준다. 속도감이 다르게 느껴진다. 여기는 편안하다. 주문한 지 1분만 지나도 화부터 내는 사람들이 모인 곳과는 다르다.

여기에서 비로소 변화무쌍한 커피 맛을 알았다는 사람들이 많다. 대화를 하며 주문을 받으면 손님들의 커피 구력이 보인단다.

키슬리가 추천하는 부산의 카페

'카페 얼리 비지터' 또는 '카페홀릭'으로 자신을 소개하는 파워 블로거 '키슬리' 이슬기 씨에게 부산의 '보석 같은 카페' 10곳을 추천받았다. 이씨는 2010년 『카페 부산』이라는 책을 출간했다. (http://sagesselee.blog.me)

카페명/위치/특징/전화번호

1. 커피살롱루이/부산진구 전포동/여성 두 분이 운영하는 예쁘고 사랑스런 카페. 커피를 정성스레 뽑는다/051-818-9893.
2. 꺄뇽/중구 중앙동/일본식 핸드드립 추구. 커피에서 나는 불향(화독내)의 느낌이 좋다/051-248-0511.
3. 스왈로우/해운대구 중동/공간이 예쁘다. 여름의 해운대에 가장 잘 어울리는 카페/051-731-0900.

4. 인피니/수영구 광안동/일본에서 직수입한 생두로 로스팅한 커피가 맛있는 곳/051-818-2259.
5. 엘름/수영구 남천동/지하에서 로스팅, 1층 카페, 2층에서는 사장님 가족이 산다. 이곳보다 더 단란한 카페는 없다/051-624-1010.
6. 인디고/사하구 괴정동/소탈한 주인이 하는 원맨숍. 사진을 좋아하는 사람에게 '강추' /010-3634-1686.
7. 카페드아름/연제구 연산동/룩셈부르크의 이미지와 이야기를 들려준다. 여유로운 느낌이 좋다/051-754-2707.
8. 인앤빈/중구 보수동/커피 사랑 극진. 불친절한 매력(?)이 있는 곳/051-256-7801.
9. 해오라비/해운대구 중동/ '커피 명품관' 에서 아름다운 경치를 보며 먹는 맛있는 커피가 좋다/ 051-742-1253.
10. 디아트/중구 남포동/커피 종류가 많고 수제 아이스크림 및 팥빙수까지 맛있다/051-256-7801.

카페드아름 · 해오라비 · 인디고

카페를 찾아서

갤러리카페

갤러리앤키친포

예전에는 갤러리의 문턱이 좀 높았다. 좋은 그림을 많은 사람들이 접하게 할 수 없을까, 고민하던 사람이 갤러리에다 레스토랑을 접목시켜보기로 했다. 부산 최초의 갤러리카페 '갤러리앤키친포' 는 이렇게 탄생했다.

식사를 하며 그림을 찬찬히 보니 그림이 말을 걸어온다. 요리하는 셰프까지 그림을 보는 눈이 생기게 되었다. 음식을 먹으러 드나들다 본격적인 컬렉터가 된 사람들도 생겨났다. 힘든 세월을 견디니 열매가 맺힌다. 부산에도 갤러리카페가 하나둘 생겨났다.

'갤러리앤키친포' 에서 생맥주를 한 잔 시켰다. 500cc는 주석잔, 300cc는 꽃무늬 유리잔에 나왔다. 잔이 예술이다. 같은 음식도 어떤 그릇에 담아서 먹느냐에 따라 맛이 달라진다.

자체 소장한 유명 작가의 그림이 계절에 따라 번갈아 전시되고, 기획전은 일 년에 6번 열린다. 결혼식, 약혼식, 돌잔치 같은 행사가 열리면 그림을 비롯해 디스플레이를 맞게 바꿔준다.

메뉴 종류가 생각보다 많다. 커피도 직접 만든 도자기 잔에 나온다. 비쌀 것 같다는 선입관에 직장인이 되고 나서야 와보고 후회하는 사람들이 가끔 있단다.

박경숙 대표는 "내가 못 먹는 음식은 절대 내놓지 않는다는 신조로 엄마가 요리하는 부엌을 지향한다. 개인 미술관을 열어서 요리를 직접 하는 게 꿈이다"고 말한다.

갤러리앤키친포

리조또 1만 2천 원, 파스타 1만 2천 원, 스테이크 3만 5천 원, 코스요리 5만 원. 부산 남구 대연3동 76의 5 현대오피스텔 101호. 부산 남부소방서 맞은편 현대오피스텔 1층. 영업시간 오전 10시~오후 11시. 마지막 일요일에 쉰다. 051-626-8636.

해운대

미술 작품 관람을 하고 식사도 하기에 해운대 달맞이고개만 한 장소가 없다. 달맞이고개에는 미술관 10여 곳이 집중적으로 들어서 있다.

달맞이고개 입구에 있는 코리아아트센터(051-742-7799) 1~4층은 갤러리이고(최근 가구갤러리로 변경) 5층은 발레리노 출신의 이탈리아인 로돌프 파텔라 씨가 운영하는 이탈리안 레스토랑 '일솔레' (051-747-4253)이다. 일솔레는 집에서 만든 정통 슬로푸드를 지향한다. 이탈리아 스파클링 워터, 이탈리아 맥주는 물론 40~50도에 달하는 이탈리아 전통 술 그라빠도 선보이고 있다. 배의 갑판을 닮은 옥상 테라스에 서면 뱃멀미가 나는 듯 바다 풍경이 실감난다.

달맞이고개에 있는 조현화랑과 나란히 선 카페 '반(盤, 051-746-8853)' . 조현화랑 3층에서 카페로 바로 통한다. 계단을 올라오다 화랑이나 카페로 골라 갈 수 있다. 화랑은 오후 7시까지 문을 열지만 '반' 은 자정까지 문을 연다. 카페 '반' 은 전시 공간의 확대 개념으로 볼 수 있다. 물론 그림만 보고 가도 된다.

수영구 광안동 광안리해수욕장 주변의 '도시갤러리(051-756-3439)' 는 1층에 레스토랑과 카페를 두고 영업을 하다 지금은 카페만 한다.

경성대 · 부경대

경성대 · 부경대 앞 카페 '테이블모던서비스(051-627-7980 · 부산 남구 대연3동 61의 4)' .

온실이란 콘셉트에 맞춰 꾸민 카페의 분위기는 안락하다. 넓은 공간에 테이블 간의 간격을 넓게 잡아 카페보다는 갤러리의 분위기가 조금 더 나는 공간이다.

경성대 · 부경대 앞의 '카페30(051-622-5111 · 부산 남구 대연동 68의 25)' 은 사방이 틔어 있어서 일반 갤러리처럼 작품을 한눈에 볼 수 있다는 장점이 있다. 작품을 최대한 돋보일 수 있도록 한 공간 구조. 30이라는 숫자는 법정 최저 속도. 빠르게 지나가는 시간 속에서 여유를 갖자는 의미를 담았다.

부산대

부산대 앞 카페 'CCC(051-637-4626 · 부산 금정구 장전동 418의 34)' 는 작가들을 위한 무료 대관은 물론이고, 카페에서 제대로 된 리플렛도 만들어준다. 작품을 설치하는 날 하루는 아예 문을 닫고 작가에게 충분히 시간을 제공한다. '창조적 문화 동맹(Creative Culture Comrade)' 이란 상호에 걸맞은 파격적인 행보를 보인다.

부산 동래구 온천동 주택가에 자리 잡은 '수가화랑' 은 미술관이 있을 법하지 않은 곳에 주택들과 사이좋게 자리 잡았다. 화랑 뒤로 펼쳐진 아기자기한 정원 한가운데 미술 카페 '더커피(051-552-4402 · 부산 동래구 온천1동)' 가 있다. '더커피' 의 넓은 창으로는 뜰에 핀 꽃, 나무의 푸름이 전해오고 카페 곳곳에 전시된 조각, 그림들은 정겨운 이 공간과 조화를 이룬다.

카페를 찾아서

브런치카페

더브런치

가정식 브런치를 맛보려면 부산대 앞으로 가보라고 했다. 작은 가게 '더브런치' 앞에서 빨간색 자전거가 손님을 맞는다. 실내는 녹색으로 꾸며져 예쁘다는 말이 저절로 나온다.

오픈된 주방 앞에는 '사랑합니다' 란 말이 세계 각국의 언어로 적혀 있다. 브런치세트와 달걀햄치즈팬케익을 시켰다. 브런치세트에는 발사믹소스가 들어간 샐러드, 방울토마토, 호밀 토스트, 소시지와 베이컨, 스크램블, 음료가 포함되었다.

평소보다 늦게 일어난 일요일에 느긋하게 햇볕을 쬐며 먹는 한 끼 식사로는 그만이다 싶다. 이곳에서는 토스트가 리필 되니 양껏 먹어도 되겠다.

더브런치

브런치세트 7천500원, 달걀햄치즈팬케익 6천500원. 영업시간 오전 10시~오후 10시. 매주 월요일에 쉰다. 부산 금정구 장전동 388의 33. 부산대 정문서 장전동 방향 일방 통행길 100m. 051-518-9074.

at home

부산대에 '더브런치' 가 있다면 부경대 앞에는 'at home' 이 있다. 잘 꾸며진 가정집 같은 느낌이다. 카페 안에서 공부하는 학생들이 편안해 보인다. 가정집을 리모델링했다.

파스타는 원래 따뜻하게 먹는다. 하지만 차가운 걸 좋아하는 한국 사람들은 냉파스타를 만들어냈다. 샐러드파스타는 냉파스타가 샐러드와 결합했다. 11가지 재료로 직접 만들어 숙성시킨 소스에 신선한 야채와 파마산 치즈가 담겼다. 양푼이를 방불케 하는 크기의 그릇에 샐러드가 듬뿍 담겼다. 야채 밑에는 파스타가 숨어 있다. 여름에는 냉면만 있는 게 아니다. 냉파스타를 먹고 나면 기분까지 시원해진다. 샐러드와 파스타를 함께 먹을 수 있어서 좋다.

떠먹는 피자 가운데에는 치즈가 가득하다. 피자를 숟가락으로 가뿐하게 떠먹으면 된다. 먹는 방식이 달라지니 맛까지 다르게 느껴진다. 이 집은 얼마 전까지 큼직한 수제 햄버거와 와플브런치로 유명했다. 사라진 수제 햄버거가 아쉽지만 '신상 음식' 을 먹는 재미가 있다. 가게는 비가 올 때 특히 예쁘단다.

at home

떠먹는 피자 1만 2천 원, 샐러드파스타 9천500원. 영업시간 오전 11시~오후 11시 30분. 부산 남구 대연동 63의 12. 경성대에서 부경대 방향 던킨도너츠 밑 KTF쇼 옆 골목. 051-626-5404.

올리브나무

동구 수정동에 '올리브나무' 가 뿌리를 잘 내렸다. 골목 후미진 곳에 위치해 잘 보이지도 않는데 사람들이 용케 알고 찾아온다.

스파게티와 피자 등 브런치카페치고 메뉴가 다양한 게 특징. 스파게티에는 샐러드와 음료가 같이 나온다. 스파게티는 까르보나라, 해물토마토, 클램차우더, 핫칠리새우 등 주로 4종류. 맛도 있고 가격마저 '착하다'.

크로크무슈브런치는 부드러운 빵에 딸기잼, 햄, 모차렐라치즈가 들었다. 도시락은 밥과 샐러드, 나물, 조림 등으로 구성됐다. 함박, 돈가스, 제육, 데리야키, 삼치구이, 모듬튀김 등이 매일 바뀐다. 장국도 괜찮아 직장인에게 인기다. 조미료를 쓰지 않아서 좋아하는 사람들이 많다. 학생에게는 스파게티 1천 원, 브런치 500원을 할인해준다.

올리브나무

브런치(음료 포함) 5천 원, 스파게티류 7천~8천 원, 피자에 샐러드, 음료 2잔까지 해서 1만 원. 도시락 6천 원. 영업시간 오전 10시~오후 9시. 일요일 휴무. 부산 동구 수정1동. 부산일보 사옥 뒤편 골목. 051-462-0208.

와플카페

까사오로

해운대 달맞이고개 입구의 와플 전문점 '까사오로'. 노출 콘크리트로 마감한 실내 인테리어가 보통이 아니다. 홍익대 미대 조소과 출신의 최재원, 이윤희 부부의 작품이다. 냉장고와 에어컨 말고는 가게에 있는 모든 것을 직접 다 만들었다니 재주 많은 사람들이다.

촉촉하고 부드러운 빵 위에 올려진 달콤한 아이스크림의 궁합이 잘 맞는다. 와플에 아이스크림과 계절 과일이 올라갔다. 와플은 길거리표 싸구려 음식이었다가 카페를 통해 하나의 당당한 메뉴로 정착했다.

와플을 와인과 곁들여 먹기도 한다. 주말이 되면 달맞이고개에 놀러 나온 가족들이 들어오는데 아빠는 와인, 엄마와 아이는 와플을 먹으면 가족 모두가 공평하게 행복하다.

이탈리아 유학 시절 앤틱가구 복원에 빠졌다는 젊은 부부는 이곳부터 시작해 복합문화공간 만들기를 꿈꾸고 있다. 가게 한쪽에는 작업실을 설치해두고 공예품 주문 제작도 받는다. 포장을 해달라는 손님들이 많지만 맛이 떨어진다며 사양한다.

까사오로

와플 8천~1만 1천 원. 영업시간 오전 11시~오후 11시. 월요일에 쉰다. 부산 해운대구 중동 1515의 1. 해운대 달맞이고개 올라가는 입구. 051-741-5770.

카페를 찾아서

북카페

추리문학관

때는 1980년대 초의 여름방학. 학교는 지금처럼 방학 때에도 자율학습을 요구했다. 한 학생은 감독 교사가 다가오는 줄도 모르고 김성종 추리소설에 푹 빠져 있었다.

다음 장면. 책은 공중으로 날고, 선생의 무시무시한 손바닥은 학생의 양 뺨에 작렬했다.

학생은 잠시 뒤 교무실로 찾아가 용서를 구하고 제발 도서관에서 빌려온 책을 돌려달라고 빌었다. 힘든 시절 김성종 추리소설은 그 학생에게 구원이었다.

사회인이 되어 추리문학관을 처음 찾던 날 김성종 선생이 원망스러웠던 것도 잠깐, 선생에게 부산에 이런 곳을 만들어줘서 정말 고맙다고 감사드렸다.

해운대 달맞이고개에 있는 추리문학관은 푸른 바다를 향해 활짝

열려 있는 세계 유일의 추리문학 전문 북카페이다. 추리소설 2만 권, 외국 원서 3천 권 등 장서가 총 3만 5천 권. 2, 3층 열람실에서는 바다가 내려다보인다. 한때는 폐관의 위기에 몰려 뜻있는 시민들이 후원금을 모금한 일도 있었다. 전남 구례 출신으로 현재 한국추리작가의 대부격인 김성종 선생은 추리문학관을 자신의 업보로 생각한다. 선생은 "추리문학관을 자주 이용해주고, 자기 집처럼 아껴주는 것이야말로 추리문학관을 돕는 길이다"라고 말한다.

우리 부부가 처음 만나 데이트하던 장소이기도 하다. 도스토예프스키부터 헤밍웨이에 이르는 문호들의 걸작 사진도 100여 점 넘게 전시되어 있다.

추리문학관
입장료 성인 5천 원, 중고생 3천 원, 초등학생 2천 원(커피나 음료 한 잔 포함). 영업시간 1층 오전 9시~오후 7시, 2, 3층 오전 9시~오후 6시. 부산 해운대구 중2동 1483의 6. 051-743-0480.

백년어서원

부산에서 가장 활발하게 활동하는 북카페를 꼽으라면 단연 백년어서원이다. 백년어서원에서는 인문학강좌와 주말문화읽기, 독서회가 끊임없이 열린다.

백년어는 앞으로 백 년을 헤엄쳐갈 백 마리의 나무물고기이다. 각각 아름다운 이름을 가진 백 마리의 물고기는 바다를 온몸으로 항해할 정신과 실천을 의미한다. 백년어 밑에는 "물고기가 사는 곳에 사람이 삽니다"라고 적혀 있다. 사람이 살려면 물고기도 살아야 한다.

백년어서원을 연 사람은 시인 김수우 씨. 김 시인은 자신이 가진 것이 책밖에 없어서 책을 여러 사람과 나누기 위해 이 공간을 마련했

단다.

김 시인은 "주변부로 전락한 원도심에서 인문학서원을 운영한다는 것 자체가 부산을 회복해내는 창의이고 창조다. 다른 도시에 없는 부산의 독특한 가치를 인문학운동을 통해서 회복하고, 자본으로 실추된 인간성을 회복할 수 있다"라고 말한다. 사람들이 올 때마다 하나씩 물고기를 가져다줘 물고기들로 넘쳐난다.

백년어서원

에스프레소, 카페라테, 핸드드립 커피 등 온갖 커피, 각종 차와 음료, 간식거리가 2천~5천 원. 영업시간 오전 11시~오후 9시. 부산 중구 동광동 4가 5의 2. 부산우체국 뒤편 제일은행 후문 맞은편 2층. 051-465-1915.

루카

포토북카페 '루카'란 곳이 생겼다. 원래는 대형마트 때문에 문을 닫게 된 13년 된 쌀집이 있던 자리. 가게가 나가지 않아 수년간 방치되면서 낮에는 비둘기떼, 밤에는 생쥐와 도둑고양이들이 들끓어 흉흉함 그 자체였던 곳이다.

그곳에다 사진작가 진동선 씨가 포토북카페 '루카'를 열며 지금은 예쁜 풍경 사진처럼 달라졌다. 진씨는 『쿠바에 가면 쿠바가 된다』의 저자. 진씨는 1996년 유학을 다녀온 뒤 2007년까지 서울에서 원없이 일을 했다. 이젠 여행도 하고, 사진도 찍고, 책도 쓰자며 부산에 정착했다.

진씨는 "월세와 전기요금 정도를 건지는 수준이지만 루카는 문화예술에 관심 있는 사람과 공부하러 오는 모든 사람들에게 열려 있다"고 말했다. 루카는 빛이라는 의미다. 사진예술관련 책이 많아 혼자 오는 사람도 많다. 마침 가던 날에는 한 사진 동호회의 번개가 열리고 있었다. 카메라를 좋아하는 사람들이 모이는 소굴 같다.

루카

커피 2천500~4천 원. 영업시간 오전 11시~오후 10시. 월요일에는 쉰다. 부산 해운대구 중1동 1376의 13. 해운대구청 맞은편 삽겹살집 골목. 051-744-3570.

카페를 찾아서

순대카페

한국의 대표적인 서민음식 중의 하나인 순대. 서민적 취향의 순대가 한껏 멋을 부린 집이 부산대학교 인근 주택가에 위치한 '순대카페' 이다.

일반 가정집을 리모델링해 테라스형 카페로 만들었다. 넓은 창과 은은한 조명, 목재의 따뜻한 느낌까지도 좋다. 순대집이라기보다는 예쁜 카페 분위기.

이 집 사장님이 순대를 정말 사랑해 집에서 만들어 먹다 아예 가게를 차렸다. 순대는 구포시장에서 돼지피를 사다 매일 만든다. 순대 소의 재료 중 하나로 허브를 사용하는 점이 특징이다. 허브의 쌉싸래하면서도 은은한 향이 순대의 뒷맛에 여운을 남긴다. 허브는 순대 특유의 냄새를 없애주는 역할도 한다. 떡볶이도 즉석에서 만든다. 정성을 들인 느낌이 물씬 난다. 부산에서는 순대를 막장에 찍어 먹는데 다른 지방에서는 왜 그렇게 안 먹나 몰라.

순대카페

수제순대 4천~8천 원, 떡볶이 3천 원, 진저비어(맥주+생강차) 4천 원. 영업시간 오후 4시~10시(4시 이전에는 음료만 가능). 매주 일요일에 쉰다. 부산 금정구 장전1동. 부산대 앞 지성문구에서 지하철 방향 다음 골목에서 장전동 방향 50m 지점. 010-3368-6609.

카페를 찾아서

퀼트카페

올레

작은 조각의 천을 바느질로 붙여서 새로운 작품을 만들어내는 퀼트. 부산에는 전국에서 유일한 퀼트테마카페인 '올레'가 있다. 시내 한복판에 자리를 잡은 지 벌써 20년 가까이 된단다.

김혜자 대표는 "여기서 청춘을 다 바쳤다. 단순히 커피나 음료만 판매했다면 그렇게 긴 세월을 버티지 못했을 것인데 이 공간은 카페이자 작업장 겸 갤러리이다"라고 말한다. 카페 내부는 퀼트 작가인 그의 작품들로 꾸며져 있다.

'올레'가 오랫동안 한 곳에 있으니 좋은 점이 많다. 김 대표는 "여기서 데이트를 하고 사랑을 만들었다는 고객들이 몇 년 만에 찾아와서 여전히 그대로 있는 이곳이 고맙다는 말을 한다"고 흐뭇해한다.

손톱만큼 작은 조각 천들을 이어서 몇 미터짜리 작품이 완성되는 퀼트의 특성 때문일까. 반재료들이 잘 나오는 요즘에도 그는 일일이 음식 재료들을 구입해서 만든다.

인기 있는 메뉴는 '웰빙요거트'와 팥빙수. 웰빙요거트는 직접 발효시킨 요구르트에 역시 직접 만든 잼, 견과류를 올려서 내놓는다. 담백한 요구르트의 맛과 고소한 견과류, 달콤한 과일 잼이 조화를 이룬다.

팥빙수 역시 김 대표가 좋은 팥을 구매하고 삶아서 재료를 준비한다. 얼음과 팥, 우유로만 만든 옛날식 팥빙수이다. 군더더기 없이 팥 자체의 깔끔한 맛을 느낄 수 있다. 팥빙수나 요구르트에 시럽이나 설탕을 전혀 사용하지 않는다. 음료와 커피를 주문하면 직접 만든 수제 양갱을 함께 대접한다.

그는 "여긴 제 작업장이기도 하니 오시는 모든 분들은 제 작업장을 찾는 귀한 손님이 되는 거다. 그런 마음으로 대접한다"고 말한다. 분위기가 참 편안하다. 그래서 혼자 찾아와 책을 읽다 가는 고객들도 많다. 퀼트 소품을 구입할 수도 있다.

올레

팥빙수 5천 원, 웰빙요거트 5천 원. 영업시간 오전 11시~오후 11시. 부산 중구 대청동 2가 38의 13. 051-241-2011.

부산 맛집 파워 블로거들이 뽑은 부산 대표 맛집 ...

2010년 연말을 앞두고 부산 지역 맛집 파워 블로거들에게 가족 및 연인끼리 가기에 좋은 곳, 모임을 하기에 좋은 곳을 각각 5곳씩 추천해달라고 했다. 이 조사에는 걸신, 짱아, 울이삐, 사이팔사, 주당, 몽, 무비, 같이먹어, 키슬리, 바다보며 한잔, 쏘방이, 몽재, 싸곰, 각얼음, 셀프 등 부산 지역에서 활동하는 영향력 있는 맛집 파워 블로거 15명이 참여했다. 여러 블로거들로부터 가장 많은 추천을 받은 집들을 위주로 선정했다.

끼리 가기에 좋은 장소

엘올리브

넓고 아늑해 보이는 실내 인테리어와 직원들의 능숙한 서비스, 다양한 와인리스트가 좋다. 따뜻한 가게 분위기는 식사하는 내내 사람의 기분을 편안하게 해준다. '주부들의 로망', '파스타를 먹는 그녀의 얼굴만 보아도 행복해진다' 등의 평가가 나왔다. 멋진 지배인도 인기

요소 중 하나. 파스타 1만 7천~2만 9천 원, 피자 1만 5천~2만 5천 원, 스테이크 및 바닷가재 3만~4만 원. 수영구 민락동 수영강변 좌수영교 인근. 051-752-7300.

엘쿠치나

저렴한 가격에 대비해 맛이 훌륭하다는 평가. 직접 뽑은 생면으로 만든 파스타가 좋은 이탈리안 레스토랑. 와인을 곁들이기에도 부담이 없다. 가게 문을 연 지 일 년 정도에 불과하지만 블로거들 사이에서 인기 급상승 중. 파스타 1만 3천 원~1만 6천500원, 리조또 1만 5천~2만 원, 호주산 와규 등심스테이크 2만 6천 원. 해운대구 중동 이마트 야외주차장 출구 오른편. 051-731-6882.

시엘168번지

젊은 친구 두 명이 동업을 한다. 테이블이 4개에 불과한 부산에서 가장 작은 비스트로. 짭짤한 엔초비오일파스타가 감각적이다. 부드럽게 구워낸 오븐 치킨 요리도 별미. 오후 9시 이후로는 프라이비트 파티도 가능. 고르곤졸라또띠아 7천 원, 베이컨크림파스타 1만 2천 원, 엔초비오일파스타 1만 2천 원, 닭고기오븐요리 1만 5천 원. 서면 노라노패션아카데미 뒤쪽 건물. 051-804-0216.

젠스시

자타 공인하는 부산 최고의 스시집. 맛은 물론 조리사의 세심한 배려와 서비스가 좋다. 비슷한 가격대의 다른 초밥집과는 비교를 거부. 저녁의 코스 가격(A코스 9만 원, B코스 7만 원)이 부담스럽다면 1인당 2만 5천~5만 원인 점심 스시 '오마카세 코스(알아서 만들어주시는 코스)'를 권한다. 그녀가 초밥을 좋아한다면 두말없이 이곳으로 모시란다. 해운대구 좌동 신도중학교 정문 건너편. 051-746-7456.

빅슈가

멋진 인테리어와 신나는 분위기의 젊음이 넘치는 장소. 오후 9시 이후면 클럽 DJ의 음악이 다양한 칵테일과 생맥주의 맛을 좋게 해준다는 평가. 기다란 통에서 뽑아내는 시원한 생맥주가 좋다. 클럽을 연상케 하는 인테리어와 음악이 조화로운 집. 칵테일 1만~1만 5천 원, 안주 1만~1만 7천 원, 치즈포테이토 1만 2천 원, 피자류 1만 4천 원, 파스타 1만 2천~1만 7천 원. 중구 남포동 피프광장 스타벅스 옆. 070-8931-0451.

가족끼리 가기에 좋은 장소

면옥향천

엘올리브 다음으로 많은 5명의 블로거로부터 추천을 받았다. 진한 육수에 담가 먹는 시원한 메밀국수와 고소한 막국수가 좋다. 커다란 유부초밥과 바삭바삭하고 담백하면서 카레향이 솔솔 풍기는 카레고로케도 별미. 3대가 함께 가도 입맛대로 골라먹을 수 있다는 평가. 메밀국수 4천 원, 돈가스정식 6천500원, 유부초밥 3천500원. 도시철도 2호선 시립미술관역 6번 출구 100m 인근, 해운대구 우2동 종합시장 입구 맞은편. 051-747-4601.

목장원

가족들의 외식공간으로 낯이 익은 이름. 비싼 고깃집의 이미지에서 지금은 부담스럽지 않게 바뀌었다. 식사 후에 뒤편 소공원을 산책할 수 있다. 육류가 부담스러우면 전망이 더 좋은 횟집에서 싱싱회로 코스요리 회를 즐길 수 있다. 호주산 양념갈비 1인분 1만 5천 원, 한우 양념갈비 1인 분 2만 2천 원. 싱싱회 회정식 1만 5천원, 코스 1인 2만 5천 원부터. 부산 영도구 동삼동 628의 2. 051-404-5000.

정림

산야초 발효 음식점으로 조미료를 가미하지 않은 약선 한정식이 깔끔하다. 음식을 먹으며 건강해지는 느낌을 선사하고 싶다면 정림 한정식을 추천한다. 특별한 날에도 좋지만 매일 먹어도 물리지 않는다는 평가. 점심특선 1만 4천 원, 코스요리 2만 5천~5만 원. 동래시장 수안파출소 옆. 051-552-1211.

황토마루

철판에서 고기를 구워먹는 철판 불 쇼를 구경한 후 황토방에 누워 도란도란 이야기하면 가족 간의 정이 더욱 쌓인다. 실내용 돌판은 추운 날 최고의 인기로 벽난로가 따로 없다. 어르신들은 황토방이 호텔보다 낫단다. 본채에는 불판고기류, 위채에는 오리고기류를 판매. 3인 기준 황토돈모둠 5만 4천 원, 장작모둠 6만 4천 원. 부산시 기장군 정관면 병산리 211. 051-728-6320.

용광횟집

오랜 정통의 선어회를 전문으로 하는 횟집. 다소 분위기는 허름하지만 다른 선어횟집과 달리 여럿이 모여도 부담이 없다. 쫄깃한 선어회도 일품이지만 함께 나오는 곁안주들도 하나같이 다 사랑스럽다. 가오리찜이나 오징어통찜이 가히 별미다. 모둠회 3만 원부터. 중구 보수동 청과시장 뒤편. 051-255-6859.

모임 하기에 좋은 장소

오륙도횟집

1인당 3만 원 정도의 예산으로 만족스러운 회와 음식을 즐길 수 있다. 장소가 넓어 직장인들의 모임 장소로 괜찮다. 복국을 특히 잘한다. 회를 시킬 때도 가늘게 썰기, 길게 썰기, 평썰기 등 써는 방법을 골라 주문할 수 있다. 밀복 2만 5천 원, 참복 3만 원, 각종 회 2~3인분 7만 원. 남구 용호동 사거리에서 부산은행 뒤편. 051-621-8054.

진수사

여러 명이서 적당한 가격에 일식 코스요리를 먹기에 괜찮다. 손님들이 음식에 대해 질리지 않도록 요리에 대해 끊임없이 연구하는 열정이 돋보인다. 점심특선 1만 5천~2만 5천 원, 저녁코스 3만 원부터. 동래구 수안교차로 인근 한국투자증권 옆 옛 청기와예식장 1층. 051-557-0676.

화수목

주인이 바뀐 뒤에도 여전히 명성을 이어가고 있다. 질 좋고 맛 좋은 '주방장마음대로' 요리와 함께 술을 한잔 기울이기에 좋은 일본식이자카야. 단품 요리도 제법 비싸 의미 있는 날에 술과 함께 음식을 즐기고 싶을 때 가는 게 좋겠다. 주방장마음대로 4만~5만 원, 모듬생선회 5만 원. 해운대구 좌동 경동 G플러스 상가. 051-704-9280.

엔

횟집보다 분위기 있고, 일식집보다는 부담이 없는 일본식 이자카야. 조용한 분위기에서 맛있는 생선회를 즐기고 싶은 모임에 추천한다. 해삼내장광어무침이 별미이다. 보기 드문 일식 여성 요리사인 이재선 대표가 운영한다. 계절별 생선회 3만 원부터, 참치뱃살 5만 원. 해운대구 좌동 재래시장 근처 롯데캐슬마스터 상가 건물 1층. 051-701-2420.

미소오뎅

따뜻함이 그리운 연말에 적은 숫자의 모임, 혹은 2차로 두세 명이 옮겨서 먹기에 괜찮은 오뎅바. 바짝 붙어앉은 옆 사람들의 이야기를 듣는 것만으로도 재미가 있다. 오뎅 600~1천300원, 비빔국수 3천500원. 남구 대연동 '쌍둥이돼지국밥' 맞은편. 051-902-2710.

• 에필로그 •

나 이제 자장면 안 만들래

'맛집' 담당을 하다 보니 음식점 하는 분들을 꽤 알게 되었다. 얼마 전에 각각 중국집과 일식집을 오래 경영해온 분들과 밥을 먹으며 들었던 이야기이다. 어떤 일이든 한 분야에서 오래하면 도가 트이나 보다.

배달부터 시작한 중국집 사장님 A는 월급을 주는 직원만 해도 열 명이 넘을 정도로 자수성가했다. 요즘도 틈만 나면 자장면 만들어 봉사 활동하러 다니느라 바쁘시다. 사람이 이렇게 살아야 하는데, 라는 생각이 저절로 들었다.

"우리 업계에서는 '나 이제 자장면 안 만들래' 라는 이야기가 제일 무섭습니다." 그게 무슨 소리인가? 예전에는 중국집을 했다 하면 거의 다 돈을 벌었단다. 사람 심리가 돈을 좀 벌었다 싶으면 뭐가 씌어 다른 길로 빠지기 쉽다.

누구는 도박에 빠지고, 누구는 주식에 빠진다. 올라갈 때 조심해야 한다. 동서고금을 막론하고 그렇다. 미국 라스베이거스로 가는 통행이 뜸한 길에 제한속도의 2배쯤으로 과속해서 달리는 차들이 있다. 십중팔구 잃은 돈에 눈이 멀어 새로 돈을 구해서 도박하러 가는 차들이란다. 벼링길로 과속스캔들이다.

일식집 사장님 B가 혼잣말을 한다. "그 사람 참 열심히 장사했는데 파친코에 미쳐서…." 자장면 팔아서 번 돈 다 털어먹고 나면 보통 초라한 가게를 차려서 나타난다. B가 이야기를 이어간다. "내가 골프를 30년 전에 시작했다. 골프장에 있는 분들이 자주 단골로 오며 당신은 왜 우리 집에 안 오느냐고 해서 골프를 시작했다. 골프장에 처음 간 날 우연히 아는 분을 만났는데 그분이 지금 생각해도 은인이다. 그분 첫마디가 당신도 골프를 치느냐? 공치면 식당 못 한다고 이야기를 하더라. 공 계속 쳤으면 걸핏하면 가게를 비워놓느라 나도 똑같이 망했을 거다."

B의 일식집에는 나이가 많고 솜씨 좋은 요리실장이 있다. "업계 선배인데 장사하다 실패하고 젊은 사람 밑에 있는 걸 모셔왔다. 그 양반은 나보다 인물도 좋고, 요리도 잘하고, 경험도 많다. 못하는 게 없다. 그런데 그만 춤에 빠졌었다. 한 손님은 항상 그 양반 가게만 찾다가 우리 가게에 왔다. 만날 놀러 다니느라 자리를 안 지키더라고 투덜대던 기억이 난다."

요리실장은 다른 면에서 다 나았지만 정신력에서 B에 못 미쳤던 모양이다.

두 분은 음식을 오래할수록 자신이 없어지고 겸손해진다고 말했다. 이날 정말 귀중한 이야기를 들었다. 돌아와 생각해보았다. 이 이야기를 처음 들은 걸까, 아니면 이전에도 들었는데 그냥 넘겨버린 걸까.

따끈한 청주가 필요한 이유

A씨는 설날 차례를 지내다 제사상에는 왜 하필 청주를 쓰는 걸까 궁금해졌다. "소주도 있고, 양주도 있고, 폭탄주도 있잖아. 그런데 왜 청주만 쓰지?" 음복을 하면서 나름대로의 답을 찾았다. "공연히 독한 술을 올렸다가 조상님들이 과음해서 돌아가는 길을 잃으면 곤란해지지." 그렇게 생각할 만도 하다.

A씨 집안사람들은 하나같이 술을 좋아했다. 3대 독자였던 A씨의 할아버지. 당장 내일 아침 먹을 쌀이 없어도 반주가 있어야만 식사를 했다. 큰아버지도 남달랐다. 임종을 앞두고 자식들에게 술을 가져다 달라고 했다. 안타깝게도 그는 좋아하는 술을 눈앞에 두고 몸을 일으키지 못했다. 자식들이 이걸 어쩌나 하는 순간 큰아버지의 명료한 말씀이 떨어졌다. "빨대 꽂아라!"

A씨 역시 술에 관한 이력이 만만치 않다. 대학 시절 배가 고프면 맥주 500cc 두어 잔을 밥 대신 먹고 도서관에서 공부에 매진(?)했다.

결혼 전에 A씨는 동생과 술을 자주 마셨다. 어느 겨울날 A씨는 동생과 함께 청주를 마시러 갔다. 따끈한 청주를 시켜놓고 보니 그날따라 포근한 날씨와 어울리지 않았다. A씨는 "담배나 피우자"며 동생을 밖으로 불러냈다. 담배를 피우지 않는 A씨, 밖에서 담배를 피우는 대신 이런저런 이야기를 나누었다. 무슨 이야기인지는 기억이 가물가물하다. 사귀는 여자 친구 이야기, 시시콜콜한…. 겨울밤에 오래 서 있으면 금방 추워진다. "적당히 식었제?" "응." 둘은 푸드득하고 몸을 한 번 떨고는 서둘러 안으로 들어가 따끈한 청주를 다시 시켰나. "맛있제?" "응." 따끈한 청주가 형제간의 정을 더 돈독하게 해주었다.

설을 앞두고 A씨는 서울 사는 동생과 다시 만날 생각을 하니 마음이 가볍지 않았다. 결혼해서 서로의 가정을 가지고 나서는 마음에 안 드는 부분이 늘어갔다.

'형제끼리 우애 있게 지내야 한다' 는 이야기가 쉽지 않다고 실감했다. A씨, 지난 추석 때 동생에게 마음에 담았던 이야기를 했다. 동생은 "형이 좀 너그럽게 봐주면 안 되냐" 고 반발했다. 동생은 그날 술도 몇 잔 안 먹었는데 탈이 나서 화장실을 들락거렸다.

A씨의 마음은 두 갈래이다. 기껏해야 명절에나 보는데 모른 척할까? 아니면 옛날처럼 따끈한 청주를 마시며 풀어버릴까? 명절이 되면 라이프스타일이 다른 가족 친척들이 좁은 집에 모여 불편하게 지내야 한다. 때로는 따끈한 청주 한잔, 맛난 음식 하나가 서로 맺힌 실타래를 풀어주고 달래주기도 한다.

나눌 줄 모르면 얼마나 불행한가

예전에 3대 독자로 태어나 자기밖에 모르는 사람이 있었다. 집안 형편이 아무리 어려워도 밥상에 고기나 생선이 안 보이면 손도 대지 않았다. 어려서는 어머니, 결혼하고는 부인이 이분을 지극 정성으로 챙겼다.

손자들이 밥상에 군침을 흘리면 역정부터 냈다. 세월이 흘러 어머니에 이어 부인마저 세상을 떴다. 이분은 그렇게 후회를 하다 얼마 지나지 않아 부인의 뒤를 따랐다고 한다. 대체 뭐가 그렇게 후회스러웠을까?

맛집을 소개하는 기자가 되어 돌아다녔다. 맛난 음식은 한순간이지만, 사람들과의 추억은 오래도록 남는다. 뿌듯한 보람이 밥을 안 먹어도 배부르게 만든다.

맛집을 찾아다니는 한 블로거가 소개한 음식점 주인의 아들로부터 받은 감사의 글이다. "가게 장사가 잘되도록 도와주신 것보다 어머니 마음을 기쁘게 해주신 데 대해 고마움을 표현하고 싶어 글을 남깁니다. 얼마 전까지 가게가 잘되지 않다가 소개해주신 후로 여러 사람들이 식당을 찾아줘서 어머니가 행복해하십니다. 어머니는 새벽부터 밤늦게까지 항상 고생하십니다. 손님이 적을 때 들리는 한숨 소리가 얼마나 안타까웠던지 모릅니다. 연세 많은 어르신들만 찾던 어머니 가게에 요즘은 젊은 사람들이 많이 늘었습니다. 어머니는 '젊은 사람들 입맛에도 맞는갑다' 라며 행복해하십니다. 누나와 저는 둘 다

취직해서 결혼까지 했습니다. 어머니는 이제 좀 쉴 만도 한데 평생을 부지런히 살아오신 분이라 쉬는 게 안 되는 것 같습니다. 식당에서 뵙게 되면 소주 한잔 올리겠습니다." 전해 듣는 사람까지 기분 좋게 만들어준다.

한 끼의 맛있는 식사는 사랑하는 사람들끼리 큰 돈 안 들이고 누릴 수 있는 행복이다. 음식을 나누는 일은 사람 사이의 정을 나누는 일이다. 나눠먹을 줄 모르면 얼마나 불행한 사람인가.

어떤 요리사가 품질이 좀 떨어지는 송이버섯을 이웃 사람들과 나눠먹으며 술도 한잔했다. 다음날에 목욕탕에 가서 눈을 감고 앉아 있는데 어디선가 향긋한 향이 느껴졌다. 신기하게도 탕 안 가득히 송이향이 퍼져 있었단다. 음식은 정을 나누는 일이고, 정을 나누면 세상이 향기로워진다.

며느리도 모르는 맛의 비밀은

일요일 오전 시간. 정신없이 자는데 전화벨이 울린다. 급한 일이라도 생긴 걸까. "영덕에 게 먹으러 왔는데 어느 집 가면 되노?" 으이구. 대충 설명하고 다시 침대에 몸을 던진다. "내가 뭐 네이버야…." 맛집 기자를 오래 하다 보니 이런 일이 부지기수이다.

아버지한테 전화가 왔다. "친구 아들이 아주 싸고 맛있는 삼겹살집을 열었더라." 한 귀로 듣고 한 귀로 흘렸다. 얼마 뒤 다시 전화가 와서 "아주 싸고 맛있다니까!"라고 강조한다. 아버지의 청탁은 지금까지 들어주지 못했다.

신문, 방송, 인터넷은 맛집에 대한 정보로 넘쳐난다. 사람들은 왜 이렇게 맛집에 열광할까? 가족끼리 여행을 떠나자면 먹고, 자고, 기름값에 수십만 원이 그냥 날아간다. 몇만 원 가지고 온 가족을 행복하게 만들 수 있는 것이 맛집이다. 일 인분에 몇만 원씩 하는 코스요리부터 천 원짜리 자장면까지 선택 범위도 다양하다. 소설가 한창훈은 "한 번도 못 먹어봤다는 말은 한 번도 못 가봤다는 말보다 더 불쌍하다"는 불후의 명언을 남겼다.

출장을 다녀온 후배가 딴지를 건다. "OO 신문사 맛집 기자와 같이 갔는데 그 양반은 음식을 먹어보면 안에 뭐가 들어갔는지 다 안다네요." 만화책에도 이런 장면이 가끔 나온다. 감히 하늘같은 선배의 세치 혀를 시험하는 의도다. 고백하건데 나는 모른다. 그런 절대미각을 가지고 있으면 요리사를 하지 왜 기자를 할까. 가장 재미없는 맛집 기사는 제대로 소화를 못 시키고 레시피를 그대로 옮겨놓은 듯한 글이라고 생각한다. 기사를 보고 집에서 그대로 만들어 먹을 것도 아닌데. 이런 기사를 읽다 보면 소화불량에 걸릴 것 같다.

맛집 기자는 스토리를 부여하는 사람이라고 생각한다. 그럴싸한 스토리를 알고 먹으면 훨씬 더 맛이 있다. 기억에 남는 첫 번째 스토리는 '천 원의 행복' 이다. 부산 광안리해수욕장 입구에 천 원 하는 시락국밥을 파는 노천식당이 아침마다 열리고 있어서 나가봤다. 양복쟁이 신사, 젊은이, 노인 가릴 것 없이 개다리소반을 앞에 두고 거리의 식사를 하고 있었다. 그런데 깍두기가 흔히 보던 크기의 20분의 1이나 될까 말까한 초미니여서 신기했다. 깍두기를 절약하려고 작게 만들었는지 물었다. 주인아주머니는 "이가 불편한 노인들이 먹기 좋으라고 그렇게 만들었다"고 말했다. 한 손님이 "이 가게도 아침밥을 제대로 챙겨 먹지 못하는 노인들에게 봉사한다고 시작한 것이다"라고 거들었다.

두 번째 스토리. 물회로 빌딩을 올렸다고 소문이 난 집에 취재를 요청했지만 안 한단다. 일단 가서 무조건 먹고 계산을 한 뒤 사정을 했다. 주방에서 나오는 법이 없다는 사장님은 "절에서 부처님에게 바치는 마음으로 손님들에게 음식을 대접한다"고 말했다. 이런 마음으로 만드는 음식이 맛이 없을 수가 없다. 단골손님들이 이 기사를 보고서 "자주 들르는 집이지만 정말 그런 마음으로 만드는 줄은 몰랐다"고 고마워했단다.

다음은 맛집 기자로 가장 보람이 있었던 이야기이다. 아주 허름한 음식점에 갔다. 촌사람 같은 60대 부부가 30년 넘게 장사를 했지만 집 한 칸 마련하지 못했다며 부끄러워한다. 다 이유가 있었다. 소주 1병에 2천 원 받아서 언제 돈을 벌까. 이 집을 소개하는 기사가 나자 손님들이 줄을 서기 시작했다. 다음번에 가보니 발길이 뜸하던 아들, 딸, 며느리까지 나와서 식당 일을 돕고 있었다. 노부부의 얼굴빛이 환하게 달라졌다. 가족 간의 화합만큼 더 좋은 게 있을까.

마지막으로 가장 마음에 걸리는 이야기이다. 기사 때문에 망한 집이다. 독자로부터 편지가 왔다. "제대로 좀 알아보고 기사를 써라. 회를 올려놓았던 얼음을 재활용한다며 가져가더라"는 내용이다. 말로 해도 안 고쳐서 할 수 없이 칼럼에 대고 "사장님 그러면 안 됩니다"라고 글을 썼다. 가게 이름도 안 밝혔는데 어떻게들 알고 손님들의 발길이 뚝 끊어져 곧 문을 닫았다. 이분께는 지금도 미안하지만 당연한 일을 했다고 생각한다. 자격이 없는 집이 언론을 타면 일시적으로 장사가 잘될지 몰라도 결국은 망하는 지름길이다.

진정한 맛집에는 공통점이 있었다. 식구들이 먹는다고 생각해 좋은 재료를 사용하는 집들이 맛이 있다. 직원을 식구처럼 생각하는 집이 맛이 있다. 돈 벌 생각 안 하는 집들이 맛이 있고, 돈도 따라온다. 세상 이치가 그렇다.

* 이 책을 쓰면서 최근 물가가 얼마나 뛰었는지 실감하게 되었습니다. 밥값이 지난달은 물론이고 지난주와도 달라지는 실정입니다. 지금까지는 겨우 참고 있었지만 곧 가격을 올리지 않으면 안 되겠다는 음식점 사장님도 있었습니다. 여러 차례 확인을 했지만 가격이 이 책에 나온 것과 다를 수 있으니 양해 부탁드립니다.

부산을 맛보다

부산 오면 꼭 먹어봐야 할 부산·경남 맛집 산책

1판 1쇄 펴낸날 2011년 6월 20일
5쇄 펴낸날 2014년 1월 14일

지은이 박종호
펴낸이 강수걸
펴낸곳 산지니
등록 2005년 2월 7일 제14-49호
주소 부산광역시 연제구 거제1동 1498-2 위너스빌딩 203호
전화 051-504-7070 | **팩스** 051-507-7543
sanzini@sanzinibook.com
www.sanzinibook.com

ISBN 978-89-6545-154-9 13980

* 책값은 뒤표지에 있습니다.

* 이 도서의 국립중앙도서관 출판시도서목록(CIP)은
e-CIP 홈페이지(http://www.nl.go.kr/cip.php)에서
이용하실 수 있습니다.(CIP 제어번호 : CIP 2011002319)